普通高等教育"十四五"系列教材
高等学校土木类专业应用型本科系列教材

土力学实践教程

主　编　殷　飞　刘喜峰　胡宇祥
副主编　姜耀龙　张　磊

中国水利水电出版社
www.waterpub.com.cn
·北京·

内 容 提 要

本书介绍了测定土的物理力学性质的试验方法以及地基基础设计方法。试验内容涵盖物理性质测定和力学性质测定。其中，物理性质测定，包括土（冻土）的天然含水率测定、黏性土（冻土）密度和干密度的测定、土粒相对密度的测定、筛分法测定土体颗粒级配、黏性土的液限和塑限测定；力学性质测定，包括无侧限抗压强度试验、压缩性指标的测定、渗透试验、静力三轴压缩试验、直剪试验、击实试验、静力触探试验、平板载荷试验、旁压试验、标准贯入试验。

本书可作为土木工程、水利水电工程、工程造价、农业水利工程、港口航道与海岸工程等专业"土力学"课程的配套试验教材，也可以供工程质量检测机构从事土力学检测的技术人员参考。

图书在版编目（CIP）数据

土力学实践教程 / 殷飞，刘喜峰，胡宇祥主编.
北京 : 中国水利水电出版社，2025. 6. --（普通高等教育"十四五"系列教材）（高等学校土木类专业应用型本科系列教材）. -- ISBN 978-7-5226-3422-7
Ⅰ. TU43
中国国家版本馆CIP数据核字第202559US23号

书　名	普通高等教育"十四五"系列教材 高等学校土木类专业应用型本科系列教材 **土力学实践教程** TULIXUE SHIJIAN JIAOCHENG
作　者	主　编　殷　飞　刘喜峰　胡宇祥 副主编　姜耀龙　张　磊
出版发行	中国水利水电出版社 （北京市海淀区玉渊潭南路1号D座　100038） 网址：www.waterpub.com.cn E - mail：sales@mwr.gov.cn 电话：（010）68545888（营销中心）
经　售	北京科水图书销售有限公司 电话：（010）68545874、63202643 全国各地新华书店和相关出版物销售网点
排　版	中国水利水电出版社微机排版中心
印　刷	天津嘉恒印务有限公司
规　格	184mm×260mm　16开本　8印张　200千字
版　次	2025年6月第1版　2025年6月第1次印刷
印　数	0001—2000册
定　价	**28.00元**

凡购买我社图书，如有缺页、倒页、脱页的，本社营销中心负责调换
版权所有·侵权必究

前　言

为配合"土力学"课程理论教学和试验教学，帮助学生加深对"土力学"课程基本概念、基本理论的理解，明确土工试验的方法与试验成果如何整理，方便学生自学，我们编写了这本与"土力学"课程配套的学习指导教材。

"土力学"是水利类、土木类专业的一门重要课程，具有很强的实践性与实用性。通过试验，学生能够正确认识并操作各种土工试验仪器设备，陈述土的物理力学性质的试验方法，提升土工试验操作技能及发现问题与解决问题的能力，提高实践动手能力及工程素养，形成严谨求实、吃苦耐劳、团结合作的工作作风，并培养初步的科研探索精神，为今后从事设计、施工及科研等工作奠定坚实基础。

本书由多年从事"土力学"课程教学工作的老师承担编写工作，根据近年来的本科教学实践调整了部分选做试验，同时融入了企业实践案例，更加符合应用型人才的培养要求。本书由吉林农业科技学院殷飞、刘喜峰、胡宇祥任主编，中国京冶工程技术有限公司姜耀龙、济南科明数码技术股份有限公司张磊任副主编。本书主要内容包括两部分，即土力学试验和实践技能。第2章为土力学试验指导，对土的各项性质指标测定方法进行介绍。第3章为土力学实践技能训练指导，基于第2章测定的地基土相关数据成果开展基础设计。第1章由殷飞编写，第2章由刘喜峰、殷飞、胡宇祥编写，第3章由刘喜峰、胡宇祥编写，附录由姜耀龙、刘喜峰提供，虚拟仿真资源由张磊提供。

本书特色如下：①每项试验均提供了技能考核项目及标准，方便读者在项目结束后进行评分，测试试验技能达成度；②对于试验项目中的平板载荷试验，因试验周期长、试验场地环境复杂（一般在校内难以开展，需要到代表性工程场地）、试验成本高、试验参与度低（大型设备仅有少数学生能亲手操作），读者可在科明365VR教学平台上注册，进行仿真试验，切实培养实践操作能力；③为推动党的二十大精神进教材，进一步丰富课程思政内容，本书提供思政资源，并融入二十大精神，教育引导广大读者打好人生底色，赓续红色基因，坚定不移听党话、跟党走；④本书提供了校企合作案例，案例内容与本书中试验项目有机融合，有助于读者明确在行业中土力学实践的重要性，为培养高质量应用型人才奠定坚实的基础。

由于时间和水平有限，书中可能存在疏漏之处，书中错误之处请发邮件 Email：yinfei@jlnykjxy. Wecom. work，liuxifeng@jlnykjxy. Wecom. work。

编者

2024 年 3 月

数 字 资 源 清 单

资源编号	资 源 名 称	资源类型	页码
2.1	筛分法测定土体颗粒级配	视频	12
2.2	黏性土的液限和塑限测定	视频	16
2.3	土的压缩性指标的测定	视频	23
2.4	不固结不排水剪试验	视频	33
2.5	固结不排水剪试验	视频	33
2.6	固结排水剪试验	视频	34
2.7	直剪试验	视频	38
2.8	击实试验	视频	41
2.9	静力触探试验	视频	47
2.10	平板载荷试验	视频	53

目 录

前言
数字资源清单

第1章 试验须知 1
第2章 土力学试验指导 3
  2.1 土的天然含水率测定 3
  2.2 黏性土密度、干密度的测定 6
  2.3 土粒相对密度的测定 9
  2.4 土体颗粒级配的测定 12
  2.5 黏性土的液限和塑限测定 16
  2.6 无侧限抗压强度试验 20
  2.7 土的压缩性指标的测定 23
  2.8 渗透试验 26
  2.9 静力三轴压缩试验 31
  2.10 直剪试验 38
  2.11 击实试验 41
  2.12 静力触探试验 44
  2.13 平板载荷试验 51
  2.14 旁压试验 57
  2.15 标准贯入试验 64
  2.16 冻土含水率试验 68
  2.17 冻土密度试验 70

第3章 土力学实践技能训练指导 76
  3.1 浅基础类型 77
  3.2 基础的埋置深度 79
  3.3 地基土的承载力特征值 83
  3.4 基础底面尺寸及承载力验算 84
  3.5 地基变形验算 87
  3.6 地基稳定性验算 89

3.7 基础结构计算 …………………………………………………………… 91
   3.8 导入案例解析 …………………………………………………………… 95
   3.9 核心技能训练——某教学楼柱下钢筋混凝土独立基础设计 …………… 98
附录 A 吉林某度假小镇浅层平板载荷试验检测报告 ……………………… 100
附录 B 喜德县某幼儿园场地土工检测结果报告 ………………………… 108
参考文献 ……………………………………………………………………… 120

第1章 试 验 须 知

为确保试验顺利进行，达到预定的试验目的，必须做到下列几点。

1. 作好试验前的准备工作

（1）预习试验指导书，明确本次试验的目的、方法和步骤。

（2）弄清与本次试验有关的基本原理。

（3）试验前应事先阅读有关仪器的使用说明，了解试验中所用到的仪器、设备。

（4）必须清楚地知道本次试验需记录的数据项目及数据处理的方法，并事前做好记录表格。

（5）除理解试验指导书中所规定的试验方案外，亦可多设想一些其他方案。

2. 遵守试验室的规章制度

（1）试验时应严肃认真，保持安静。

（2）爱护设备及仪器，并严格遵守操作规程，如发生故障应及时报告。

（3）非本试验所用的设备及仪器不得任意动用。

（4）试验完毕后，应将设备和仪器擦拭干净，并恢复到原来的正常状态。

3. 认真做好试验

（1）注意听好教师对本次试验的讲解。

（2）清点试验所需设备、仪器及有关器材，如发现遗缺，应及时向教师提出。

（3）试验时，应有严谨的科学作风，认真细致地按照试验指导书中所要求的试验方法与步骤进行。

（4）对于带电或贵重的设备及仪器，在接线或布置后应请教师检查，检查合格后，才能开始试验。

（5）在试验过程中，应密切观察试验现象，随时进行分析，若发现异常现象，应及时报告。

（6）记录下全部测量数据，以及所用仪器的型号及精度、试件的尺寸、量具的量程等。

（7）教学试验是培养学生动手能力的一个重要环节，因此虽然学生在试验小组中有一定的分工，但每个学生都必须自己动手，完成所有的试验环节。

（8）学生在完成试验全部规定项目后，经教师同意可进行一些与本试验有关的其他试验。

（9）试验记录需要教师审阅签字，若不符合要求应重做。

4. 写好试验报告

试验报告是试验的总结，通过写试验报告，可以提高学生对试验结果的分析能力，因此试验报告必须由每个学生独立完成，要求清楚整洁，并要有分析及自己的观点。试验报告应具有以下基本内容：

（1）试验名称、试验日期、试验者及同组人员。
（2）试验目的。
（3）试验原理、方法及步骤简述。
（4）试验所用的设备和仪器的名称、型号。
（5）试验数据及处理。
（6）对试验结果的分析讨论。

第 2 章 土力学试验指导

2.1 土的天然含水率测定

含水率是土的基本物理性质指标之一，反映了土的干、湿状态。含水率的变化将使土的物理力学性质发生一系列变化，可使土变成半固态、可塑状态或流动状态，可使土变成稍湿状态、很湿状态或饱和状态，也可造成土在压缩性和稳定性上的差异。含水率还是计算土的干密度、孔隙比、饱和度、液性指数等不可缺少的依据，也是建筑物地基、路堤、土坝等施工质量控制的重要指标。

1. 试验目的

（1）采用烘干法测定土的含水率。

（2）分析土的含水情况，为计算土的干密度、孔隙比、饱和度、液性指数等指标提供依据。

2. 试验方法

常用的方法有烘干法和酒精燃烧法。本试验用烘干法。

3. 试验原理

土的含水率是土在温度 105～110℃下烘干到恒重时，失去的水分质量与达到恒重后干土质量的比值，以百分数表示。

4. 试验设备

试验设备包括保持温度为 105～110℃ 的自动控制的电热烘箱（图 2.1）、电子分析天平（图 2.2）、铝制称量盒（简称铝盒，见图 2.3）、削土刀、取土器（图 2.4）等。

图 2.1　电热烘箱　　　　图 2.2　电子分析天平

5. 操作步骤

（1）先称量带有编号的两个铝盒，分别记录其质量。将铝盒质量 m_0 填入表 2.1 中。

图 2.3　铝盒　　　　　　　　图 2.4　取土器

（2）用取土器选取具有代表性的试样，细粒土取 15～30g，砂类土取 50～100g，砂砾石取 2～5kg。将试样放在称量盒内，立即盖紧盒盖，称铝盒加湿土的质量，准确至 0.01g，将数值 m_1 填入表 2.1 中。

（3）打开铝盒盒盖，将其放入烘箱中，在温度 105～110℃下烘至恒重。黏性土、粉土烘干时间不得少于 8h，砂土烘干时间不得少于 6h，有机质含量超过干土质量 5% 的土应在 65～70℃的恒温下烘至恒重。取出土样，盖好盒盖，称重并记录铝盒加干土的质量，将数值 m_2 填入表 2.1 中。

6. 计算含水率

$$\omega = \frac{m_w}{m_s} \times 100\% = \frac{m_1 - m_2}{m_2 - m_0} \times 100\% \quad （精确至 0.1\%） \tag{2.1}$$

式中　ω——含水率，%；

m_w——试样中所含水的质量，g；

m_s——试样中土颗粒的质量，g；

m_0——铝盒质量，g；

m_1——铝盒加湿土的质量，g；

m_2——铝盒加干土的质量，g。

7. 注意事项

（1）本试验必须对两个试样进行平行测定，测定的误差要求如下：当含水率小于 10% 时，误差不大于 0.5%；当含水率为 10%～40% 时，误差不大于 1%；当含水率大于等于 40% 时，误差不大于 2%。取两个测值的平均值，以百分数表示。

（2）测定含水率时动作要快，避免土样的水分蒸发。

（3）应取具有代表性的土样进行试验。

（4）铝盒要保持干燥，注意铝盒的盒体和盒盖上下对号。

8. 试验记录及计算

含水率试验记录见表 2.1。

表 2.1　　　　　　　　　　　　含 水 率 试 验 记 录

盒号	铝盒质量 m_0/g	铝盒加湿土的质量 m_1/g	铝盒加干土的质量 m_2/g	含水质量 (m_1-m_2)/g	含水率 ω/%	含水率平均值 /%

9. 试验思考

（1）做含水率试验时烘箱温度为什么要求保持在 105～110℃？试验时两次平行测定的允许平行差值是多少？

（2）测定含水率的目的是什么？

（3）测定含水率常见的方法有哪几种？

（4）土样含水率在工程中有何价值？

（5）通过表 2.2 所列土样试验数据，计算其含水率。

表 2.2　　　　　　　　　　　土样含水率记录表

盒号	m_0/g	m_1/g	m_2/g
1-07	17	35	31.58
1-08	19	36	32.87

10. 技能考核项目及标准

技能考核项目及标准见表 2.3。

表 2.3　　　　　　　　　　　技能考核项目及标准

技能考核项目	考核内容	分值	考 核 标 准
选择试验仪器设备（10%）	1. 选择试验所需的所有仪器设备	8 分	能够准确识别并清点试验所需仪器设备，每漏（错）1 项，扣 2 分
	2. 取土	2 分	能够按试验要求准确取土，一次性制备成功方可得分
介绍试验原理（10%）	试验原理说明及注意事项等	5 分	能够准确说明试验目的、原理、方法，每漏（错）1 项，扣 2 分
		5 分	能够准确说明试验注意事项，每漏（错）1 项，扣 1 分
试验操作（50%）	试验操作步骤规范性及准确性	5 分	能够进行仪器调整并正确使用操作，每错一步，扣 1 分
		35 分	能够按试验步骤规范熟练操作并得出正确的试验结论，每错一步，扣 5 分
		10 分	能够在规定时间内完成，每超时 5min，扣 2 分
试验数据分析与处理（15%）	数据分析与计算	10 分	能够正确处理试验数据并做好完整的记录，每漏（错）1 项，扣 2 分
		5 分	能够核实数据是否在允许误差范围内。漏掉此项，扣 5 分
试验思考（15%）	试验相关思考题	15 分	能够正确回答思考题，每错 1 项，扣 3 分

2.2　黏性土密度、干密度的测定

土的密度反映了土体结构的松紧程度，是计算土的自重应力、干密度、孔隙比、孔隙度等指标的重要依据，也是挡土墙土压力计算、土坡稳定性验算、地基承载力和沉降量估算以及路基路面施工填土压实度控制的重要指标之一。

土的干密度是土单位体积中固体颗粒部分的质量，工程上常用土的干密度来评价土的密实程度，以控制填土、公路路基和坝基的施工质量。

1. 试验目的
测定原状土的密度及干密度。

2. 试验方法
常用的方法有环刀法和蜡封法。本试验用环刀法。

3. 试验原理
单位体积土的质量即为土的密度。单位体积干土的质量即为土的干密度。

4. 试验仪器设备
环刀（内径为 61.8mm，高 20mm，见图 2.5）、电子分析天平、钢丝锯、削土刀（图 2.6）、玻璃片、凡士林等。

图 2.5　环刀 　　　　图 2.6　削土刀

5. 操作步骤
（1）取原状土样或按工程需要制备的重塑土，用削土刀整平其上端，将环刀内壁涂一薄层凡士林，刃口向下放在整平的面上。

（2）将环刀垂直均匀下压，并用削土刀沿环刀外侧削土样，边压边削，至土样高出环刀上口为止，根据试样的软硬采用钢丝锯或削土刀整平环刀两侧土样。

（3）擦净环刀外壁，称环刀加试样的质量 m_2，准确至 0.1g。

（4）记录 m_2、环刀号以及环刀质量 m_1 和环刀体积 V。

6. 计算
试样的密度应按下式进行计算：

$$\rho_0 = \frac{m_0}{V} = \frac{m_2 - m_1}{V} \tag{2.2}$$

式中　ρ_0——试样的密度，g/cm³，准确至 0.01g/cm³；
　　　m_0——试样质量，g；
　　　V——试样体积（即环刀内净体积），cm³；
　　　m_1——环刀的质量，g；
　　　m_2——环刀加试样的质量，g。

试样的干密度应按下式进行计算：

$$\rho_d = \frac{\rho_0}{1+0.01\omega} \tag{2.3}$$

式中　ρ_d——试样的干密度，g/cm³，准确至 0.01g/cm³；
　　　ω——试样含水率（不带百分数）。

7. 注意事项

（1）用环刀切试样时，环刀应垂直均匀下压，以防环刀内试样的结构被扰动。

（2）夏季室温高，为防止称质量时试样中水分蒸发，可用两块玻璃片盖住环刀上下口称取质量，但计算时应扣除玻璃片的质量。

（3）需进行两次平行测定，两次测定的差值不大于 0.03g/cm³；结果取两个测值的平均值。

8. 试验记录及计算

密度试验记录见表 2.4。

表 2.4　　　　　　　　　　密　度　试　验　记　录

环刀号	环刀质量 m_1/g	环刀加试样的质量 m_2/g	试样质量 m_0/g	试样的密度 ρ_0/(g/cm³)	试样的含水率 ω/%	试样的干密度 ρ_d/(g/cm³)	平均干密度 $\bar{\rho}_d$/(g/cm³)

9. 试验思考

（1）密度和干密度的区别是什么？

（2）标准环刀体积是多少？

（3）天然密度的测定方法是什么？

（4）试验时为何要将环刀内壁擦净，并涂抹一薄层凡士林？

（5）同种土密度的大小与土的三相组成有什么关系？

10. 技能考核项目及标准

技能考核项目及标准见表 2.5。

表 2.5　　　　　　　　　　技能考核项目及标准

技能考核项目	考核内容	分值	考　核　标　准
选择试验仪器设备（10%）	1. 选择试验所需的所有仪器设备	8分	能够准确识别并清点试验所需仪器设备，每漏（错）1项，扣2分
	2. 制备土样	2分	能够按试验要求准确制备土样，一次性制备成功方可得分
介绍试验原理（20%）	试验原理说明及注意事项等	15分	能够准确说明试验目的、原理、方法，每漏（错）1项，扣5分
		5分	能够准确说明试验注意事项，每漏（错）1项，扣1分

续表

技能考核项目	考核内容	分值	考 核 标 准
试验操作 （50%）	试验操作步骤规范性及准确性	5分	能够进行仪器调整并正确操作，每错一步，扣1分
		35分	能够按试验步骤规范、熟练操作并得出正确的试验结论，每错一步，扣5分
		10分	能够在规定时间内完成，每超时5min，扣2分
试验数据分析与处理 （15%）	数据分析与计算	10分	能够正确处理试验数据并做好完整的记录，每漏（错）1项，扣2分
		5分	能够核实数据是否在允许误差范围内，漏掉此项，扣5分
试验思考（5%）	试验相关思考题	5分	能够正确回答思考题，每错1项，扣1分

2.3 土粒相对密度的测定

土粒相对密度也称土粒比重，只能通过试验测得。由于天然土的颗粒是由不同的矿物组成的，它们的相对密度一般并不相同。试验测得的一般是土粒相对密度的平均值。

1. 试验目的

测定土粒相对密度，为计算土的孔隙比、饱和度以及为其他土的物理力学试验（如颗粒分析的比重计法试验、压缩试验等）提供必需的数据。

2. 试验方法

测定土粒相对密度的方法有比重瓶法、浮称法和虹吸筒法。本试验采用比重瓶法（土颗粒粒径小于5mm时适用）。

3. 试验原理

土粒质量与同体积4℃时纯水的质量之比称为土粒相对密度。

4. 试验仪器设备

(1) 比重瓶：比重瓶容量分为50mL或100mL两种，100mL比重瓶见图2.7。另外比重瓶还有长颈比重瓶和短颈比重瓶之分，长颈比重瓶瓶颈上有刻度；短颈比重瓶的瓶塞中间有毛细孔道，是液体溢出的通道。

(2) 电子天平：称量200g，最小分度值0.001g。

(3) 其他用品：砂浴（图2.8）、温度计（测量范围0～50℃，最小分度值0.5℃）、烘箱、蒸馏水。

图2.7　100mL比重瓶　　　　　图2.8　砂浴

5. 操作步骤

(1) 记录比重瓶的编号，并称其质量 m_1，精确至0.001g，以下皆用此精度要求。

(2) 将经过5mm筛的土样在105～110℃的温度下烘至恒重（烘至相隔1～2h，其质量不再减少为止），然后称取12～15g（对于50mL比重瓶，称12g；对于100mL比重瓶，称15g），放入晾干的比重瓶内，加上瓶塞，称准质量为 m_2。

(3) 向已装有干土的比重瓶注入蒸馏水至比重瓶容积的一半，摇动比重瓶，并将比重瓶放在砂浴上煮沸。煮沸时间自悬液沸腾时算起，对于砂及亚砂土，不少于

30min；对于黏土及亚黏土，应不少于60min。使土粒完全分散，并全部排除土体内的气体。

（4）将煮沸经冷却的蒸馏水注入装有试样悬液的比重瓶。当用长颈比重瓶时注至刻度处；当用短颈比重瓶时注满，塞紧瓶塞，多余的水分自瓶塞毛细管中溢出。将瓶外水分擦干净，称瓶、水、土的总质量 m_3。称后马上测瓶内温度。

（5）将比重瓶中的水与土倒出，冲洗干净，然后再装满蒸馏水，加塞使水由塞孔中溢出，将瓶外水分擦干，称比重瓶、水的总质量为 m_4。

（6）本试验须进行两次平行测定，然后取其算术平均值，以两位小数表示，其平行差值不得大于0.02。

6. 计算

试样相对密度应按下式进行计算：

$$G_s = \frac{m_2 - m_1}{m_4 + m_2 - m_1 - m_3} \frac{\rho_{wt}}{\rho_{w0}} \tag{2.4}$$

式中　ρ_{wt}——t℃时水的密度，g/cm³，查表2.6可得；

　　　ρ_{w0}——4℃时水的密度，g/cm³，$\rho_{w0}=1\text{g/cm}^3$；

　　　m_1——空比重瓶质量，g；

　　　m_2——比重瓶加干土的质量，g；

　　　m_3——比重瓶加水、土总质量，g；

　　　m_4——比重瓶加水质量，g。

表2.6　　　　　　　　不同温度时水的相对密度（近似值）

水温/℃	4.0~12.5	12.5~19.0	19.0~23.5	23.5~27.5	27.5~30.5	30.5~33.5
水的相对密度	1.000	0.999	0.998	0.997	0.996	0.995

7. 注意事项

（1）本试验最好采用100mL的比重瓶，但也允许采用50mL的比重瓶。

（2）用比重瓶测定土粒相对密度，绝大多数都采用烘干土，但对于有机质含量高的土可不予以烘干即做试验，待试验结束后，再测定试样的烘干质量。

（3）试验用的液体，规定为经煮沸并冷却的脱气蒸馏水，要求水质纯度高，不含任何被溶解的固体物质。

（4）排气方法以煮沸法为主，当土中含有可溶盐分、亲水性胶体或有机物时，则不能用蒸馏水，以免出现试验误差，须用中性溶液（如采用煤油，也有采用酒精或是苯的），并采用真空抽气法代替煮沸法，以排出土中的气体。抽气时真空度必须接近一个大气压。一般从达到该真空度时算起，抽气时间为1~2h，直至悬液中无气泡逸出为止。在计算时要将计算式乘以中性溶液的密度值。

（5）同一种黏性土的土粒密度，从冬季到夏季随着大气温度升高及水蒸气压力增大而减小，砂性土则受影响极小。建议用控制烘箱相对温度相等的方法测定黏性土土粒密度。

（6）式（2.4）中的 m_3 与 m_4 必须在同一温度下测得，而 m_2 与 m_1 的测量与温度无关。

(7) 本试验可以在4～20℃之间任一恒温下进行，误差均在许可的范围内。
(8) 加水加塞称重时，应注意塞孔中不得存有气泡，以免造成误差。
(9) 比重瓶必须每年至少校正一次，并经常抽查。

8. 试验记录及计算

相对密度试验记录见表2.7。

表2.7　　　　　　　　　　　相对密度试验记录

比重瓶号	温度 t /℃	水密度比 ρ_{wt}/ρ_{w0}	比重瓶质量 m_1 /g	比重瓶加干土质量 m_2 /g	干土质量 /g	比重瓶加水质量 m_4 /g	比重瓶加水、土总质量 m_3 /g	与干土等体积的纯水的质量 /g	土粒相对密度 G_s	平均值 $\overline{G}_s$
	(1)	(2)	(3)	(4)	(5)=(4)-(3)	(6)	(7)	(8)=(5)+(6)-(7)	(9)=(5)/(8)×(2)	(10)

9. 试验思考

(1) 土粒的相对密度与土的密度有什么不同？
(2) 测定土体相对密度时为什么要在砂浴上煮沸悬液？煮沸时间有什么要求？
(3) 如何保证相对密度测定的精度？

10. 技能考核项目及标准

技能考核项目及标准见表2.8。

表2.8　　　　　　　　　　　技能考核项目及标准

技能考核项目	考核内容	分值	考 核 标 准
选择试验仪器设备（10%）	1. 选择试验所需的所有仪器设备	8分	能够准确识别并清点试验所需仪器设备，每漏（错）1项，扣2分
	2. 制备土样	2分	能够按试验要求准确制备土样，一次性制备成功方可得分
介绍试验原理（20%）	试验原理说明及注意事项等	15分	能够准确说明试验目的、原理、方法，每漏（错）1项，扣5分
		5分	能够准确说明试验注意事项，每漏（错）1项，扣1分
试验操作（50%）	试验操作步骤规范性及准确性	5分	能够进行仪器调整并正确使用操作，每错一步，扣1分
		35分	能够按试验步骤规范熟练操作并得出正确的试验结论，每错一步，扣5分
		10分	能够在规定时间内完成，每超时5min，扣2分
试验数据分析与处理（15%）	数据分析与计算	10分	能够正确处理试验数据并做好完整的记录，每漏（错）1项，扣2分
		5分	能够核实数据是否在允许误差范围内。漏掉此项，扣5分
试验思考（5%）	试验相关思考题	5分	能够正确回答思考题，每错1项，扣1分

2.4 土体颗粒级配的测定

土体是三相介质，由固体颗粒、水和气所组成，其中决定土体性质的是固体颗粒。土体固体颗粒的主要特征是颗粒大小和矿物组成，而矿物组成与固体颗粒的大小也有关系。因此固体颗粒的大小是描述土体工程性质的重要手段。土体的颗粒大小是由筛分法试验确定的。筛分法试验是进行粗粒土分类定名的重要依据。

1. 试验目的

（1）测定土中各种粒组所占该土总质量的百分数，描述不同颗粒大小分布及级配组成。

（2）判别土的工程分类，为土坝填料和建筑材料提供资料。

2. 试验内容

对于粒径大于 0.075mm，且要求粒径大于 2mm 的颗粒不超过总质量的 10% 的无黏性土，用标准细筛进行筛分试验。

3. 试验仪器设备

（1）标准细筛：包括孔径为 60mm、40mm、20mm、10mm、5mm、2mm、1mm、0.5mm、0.25mm、0.075mm 的筛和底盘，见图 2.9。

（2）电子天平：称量 200g，最小分度值 0.01g；称量 1000g，最小分度值 0.1g。

（3）摇筛机、恒温烘箱。

（4）其他：毛刷、白纸等。

4. 试验方法与步骤

（1）取烘干冷却至室温的土样 200～500g，将粒团碾散，称量准确至 0.1g。

（2）将标准细筛依孔径大小顺序叠好，孔径大的在上面，最下面为底盘，将称好的土样倒入最上层筛中，盖好上盖。进行筛析，将标准细筛放在摇筛机上震摇，约 10min。

（3）检查各筛内是否有团粒存在，若有则碾散再过筛。

（4）从最大孔径筛开始，将各筛取下，在白纸上用手轻叩摇晃，如有土粒漏下，应继续

图 2.9 标准细筛

轻叩摇晃，至无土粒漏下为止。漏下的砂粒应全部放入下级筛内。逐次检查至盘底。

（5）将留在各筛上的土样分别倒在白纸上，用毛刷将筛中砂粒轻轻刷下，分别称重，准确至 0.1g。

（6）各细筛上及底盘内砂土质量总和与筛前称量的土样总质量之差不得大于 1%，否则重新进行试验。

资源 2.1
筛分法测定
土体颗粒
级配

5. 试验数据整理

(1) 按下式计算小于某粒径的土样质量占土样总质量的百分数：

$$x = \frac{m_A}{m_B} \times 100\% \tag{2.5}$$

式中 x——小于某粒径的土样质量占土样总质量的百分数，%；

m_A——小于某粒径的土样质量，g；

m_B——土样总质量，g。

计算结果见表2.9。

表 2.9　　　　　　　　筛分法颗粒分析表

土样编号	a								
筛孔直径/mm	20	10	5	2	1	0.5	0.25	0.075	底盘	总计
留筛土质量/g										
占土样总质量的百分数/%										
小于该孔径的土质量占土样总质量百分数/%										

(2) 以 x 为纵坐标，以粒径为对数横坐标，绘制颗粒级配曲线，见图2.10。

(3) 计算级配指标。按下式计算颗粒级配曲线的不均匀系数和曲率系数：

$$C_u = \frac{d_{60}}{d_{10}} \tag{2.6}$$

$$C_c = \frac{(d_{30})^2}{d_{60} d_{10}} \tag{2.7}$$

式中 C_u——不均匀系数；

C_c——曲率系数；

d_{60}——限制粒径，在颗粒级配曲线上小于该粒径的土质量占土总质量的60%的粒径；

d_{30}——在颗粒级配曲线上小于该粒径的土质量占土总质量的30%的粒径；

d_{10}——有效粒径，在颗粒级配曲线上小于该粒径的土质量占土总质量的10%的粒径。

(4) 对试样土料分类并作出级配良好与否的判断。依据土的分类标准对土样进行分类，定名为粗砂、中砂、细砂、粉砂等。当颗粒级配曲线的 $C_u > 5$ 且 $C_c = 1 \sim 3$ 时，则级配良好，否则级配不良。

6. 试验思考

(1) 请依次说出标准筛从上到下的孔径。

(2) 何为土的级配？级配良好的土应满足什么条件？

(3) 筛分试验试样总质量与累计留筛土质量不吻合时如何处理？

(4) 颗粒级配曲线很陡说明土样有什么样的特点？

(5) 根据表2.10，绘制该土样的颗粒级配曲线。

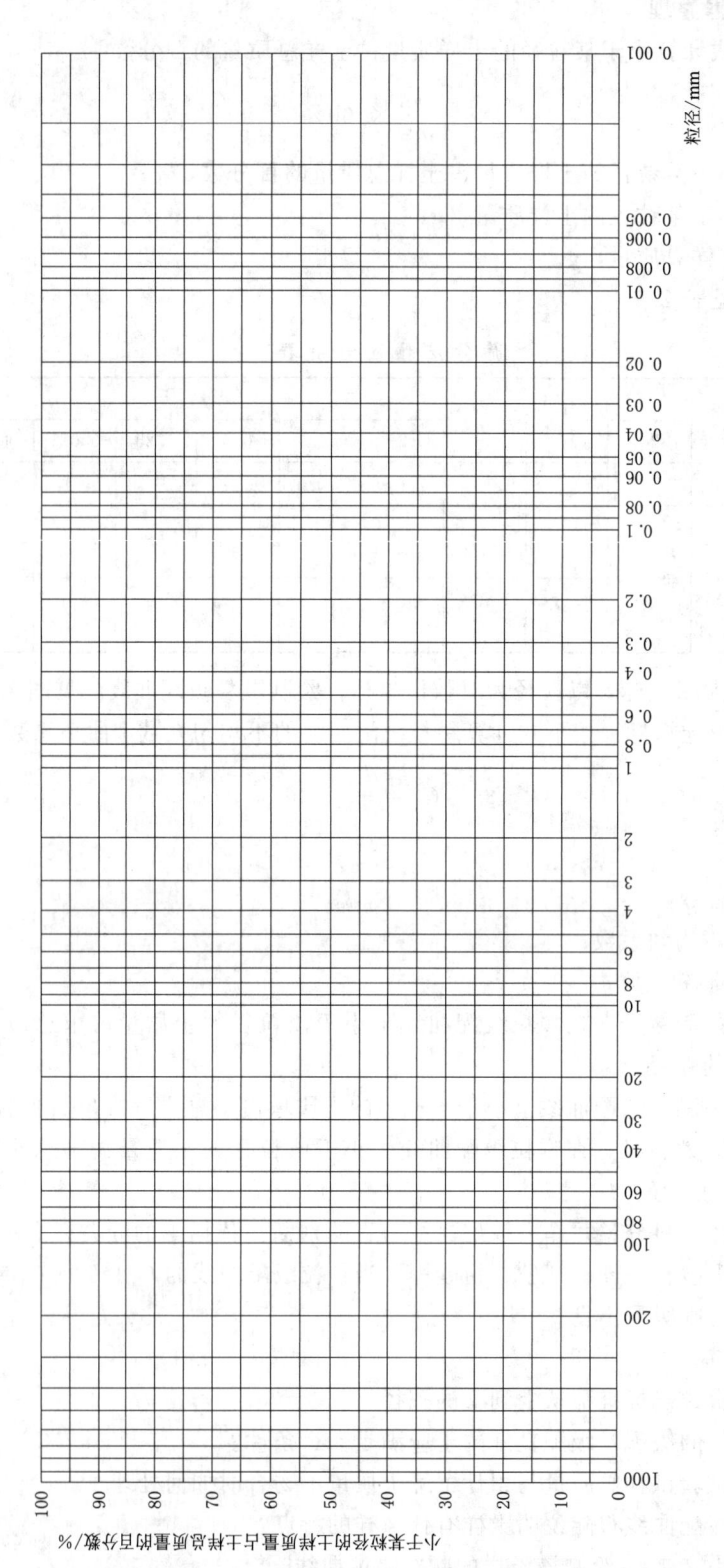

图 2.10 颗粒级配曲线

2.4 土体颗粒级配的测定

表 2.10 筛分法试验筛分结果

孔径/mm	20	10	5	2	1	0.5	0.25	0.075	底盘总计
留筛土质量/g	0	17	45	65.5	85	100.5	122	60	5

7. 技能考核项目及标准

技能考核项目及标准见表 2.11。

表 2.11 技能考核项目及标准

技能考核项目	考核内容	分值	考 核 标 准
选择试验仪器设备（5%）	1. 选择试验所需的所有仪器设备	3 分	能够准确识别并清点试验所需仪器设备，每漏（错）1 项，扣 1 分
	2. 取土	2 分	能够按试验要求准确制备土样，一次性制备成功方可得分
介绍试验原理（20%）	试验原理说明及注意事项等	15 分	能够准确说明试验目的、原理、方法，每漏（错）1 项，扣 5 分
		5 分	能够准确说明试验注意事项，每漏（错）1 项，扣 1 分
试验操作（40%）	试验操作步骤规范性及准确性	5 分	能够进行仪器调整并正确使用操作，每错一步，扣 1 分
		25 分	能够按试验步骤规范熟练操作并得出正确的试验结论，每错一步，扣 5 分
		10 分	能够在规定时间内完成，每超时 5min，扣 2 分
试验数据分析与处理（25%）	数据分析与计算	20 分	能够正确处理试验数据，并填表制图，每漏（错）1 项，扣 3 分
		5 分	能够核实数据是否在允许误差范围内。漏掉此项，扣 5 分
试验思考（10%）	试验相关思考题	10 分	能够正确回答思考题，每错 1 项，扣 2 分

2.5 黏性土的液限和塑限测定

在生活中经常可以看到这样的现象，雨天土路泥泞不堪，车辆驶过便形成深深的车辙，而久晴以后土路却异常坚硬。这种现象说明土的工程性质与它的含水率有着十分密切的关系，因此需要定量地加以研究，即土的界限含水率试验。

土体是三相介质，由固体颗粒、水和气所组成。尽管决定土体性质的是固体颗粒，但是水对土体特别是细颗粒土产生很大的影响。随着含水率的变化，土体可能呈现固态、半固态、可塑态和流态，其分界含水率即界限含水率，其中区别半固态与可塑态的界限含水率称为塑限，区别可塑态与流态的界限含水率称为液限，塑限和液限能够通过试验测定。

由液限和塑限能够确定塑性指数，进而进行细粒土的分类定名。根据天然含水率和液限、塑限能够确定土体的液性指数，进而能够判定黏性土的稠度状态，即软硬程度，因此液限和塑限是进行黏性土的分类定名和物理状态评价的重要指标。界限含水率试验一般采用液塑限联合测定法，此外也可以采用碟式仪测定液限，配套采用搓条法测定塑限，前者目前应用得更加普遍。

1. 试验目的

测定黏性土的液限和塑限，为计算塑性指数、液性指数和划分土类提供可靠的数据。

2. 试验仪器设备

(1) 光电式液塑限联合测定仪（图 2.11）：主要包括圆锥仪（常用圆锥仪质量为 76g，锥角为 30°；也有质量为 100g 的）、显示圆锥入土深度的显示屏和自动放锥的电磁铁 3 部分。

(2) 天平：称量 200g，最小分度值为 0.01g。

(3) 其他：标准筛（孔径为 0.5mm）、调土刀、凡士林、蒸馏水、烘箱、铝盒、盛土容器等。

3. 试验原理

试验采用专门的光电式液塑限联合测定仪。试验时，用 76g 圆锥仪测定土样不同含水率与在 5s 时间内圆锥入土深度的对应值，然后以圆锥入土深度为纵坐标，以含水率为横坐标，绘制双对数关系直线。从直线上查得入土深度分别为 17mm、2mm 的相应含水率，即为液限和塑限。

本试验适用于粒径小于 0.5mm 以及有机质含量不大于试样总质量 5% 的土样。

4. 操作步骤

(1) 调整天平平衡，称量 3 个铝盒分别对

资源 2.2 黏性土的液限和塑限测定

图 2.11 光电式液塑限联合测定仪

2.5 黏性土的液限和塑限测定

应的质量。

(2) 将土样过 0.5mm 的标准筛，取筛过的土样 200g 分成 3 份，分别放入 3 个盛土容器中。加不同水量拌和成不同含水率的试样，置于试杯中，多次插导排除气泡。

(3) 将仪器放置在平面工作台上，调整水平螺旋脚，使水泡聚中。

(4) 选用 76g 的圆锥仪，逆时针拧紧，在锥尖上涂抹一薄层凡士林。

(5) 将仪器的电源插头插好，打开电源开关，预热 5min。测量前用手轻轻托起锥体至限位处。此时显示屏上的数字为随机数（有时出数字，有时出红点，测量时会自动消除）。

(6) 将调好的土样放入试杯中，刮平表面，放到仪器的升降面上，这时缓缓地调节升降旋钮，当试杯中的土样刚接触锥尖时，接触指示灯立即发亮，此时停止旋动，然后按"测量"键。

(7) 按下"测量"键，锥体落下，显示屏上显示出 5s 的入土深度值。第 1 个试样测量时，下沉深度为 3~4mm，将该读数填入表中。然后将试样杯中的试样取 10g 左右，称量湿土加铝盒的质量。向顺时针方向调节升降旋钮，改变锥尖与土的接触位置，移出试杯，将锥尖擦干净。

第 2 个试样测量时，重复上述步骤，下沉深度为 7~9mm，然后将试样杯中的试样取 10g 左右，同样称量湿土加铝盒的质量。

第 3 个试样测量时，重复上述步骤，下沉深度为 15~17mm，然后将试样杯中的试样取 10g 左右，称量湿土加铝盒的质量。

将称量过的 3 个试样，放入烘箱烘干 8h 后取出，称量相应的干土加铝盒的质量。

说明：每一个试样需进行两次平均测定，两次测定差值规定如下：液限小于 40% 时，不大于 1%；液限不小于 40% 时，不大于 2%。取两次测定的平均值，以百分数表示。

5. 记录、计算和制图

液塑限联合测定法试验记录见表 2.12。

表 2.12　　　　　　　液塑限联合测定法试验记录表

盒身编号	土样编号	含水率 $\omega/\%$	下沉深度 h/mm	平均下沉深度 h/mm	塑限 $\omega_P/\%$	液限 $\omega_L/\%$	塑性指数 I_P	液性指数 I_L

(1) 制图。将三个土样含水率与相应的圆锥下沉深度绘于双对数坐标上，三点连一条直线。如果三点不在一条直线上，通过高含水率的一点与其余两点连两直线，在圆锥下沉深度 2mm 处查相应的两个含水率，如果差值不超过 2%，以两个含水率

的平均值的点与高含水率的点作一直线。若含水率误差大于或等于 2%，应重新做试验。

（2）塑性指数 I_P 的计算。

$$I_P = \omega_L - \omega_P \tag{2.8}$$

式中 　ω_L——液限含水率；

　　　ω_P——塑限含水率。

（3）液性指数 I_L 的计算。

$$I_L = \frac{\omega - \omega_P}{I_P}$$

6. 注意事项

（1）拿出试杯和锥尖时请注意保护好锥尖，以免损坏。

（2）拿仪器时注意轻拿轻放，保证仪器的安全。

（3）电路上可调元件不能随便调动，否则精度及线形都无法保证。

（4）在使用（拧上或卸下）锥尖时要特别小心，用手捏着慢慢旋动，切勿碰伤锥尖。用后擦干泥土，涂少许凡士林。妥善保管备用锥尖等。

（5）建议学生采用 Excel 在双对数坐标上绘图。

7. 知识拓展

泥塑，俗称"彩塑"，是以黏性土塑形的一种艺术。泥塑艺术是中国民间传统的一种古老常见的民间艺术。2006 年 5 月 20 日入选第一批国家级非物质文化遗产名录。

黏性土处于可塑状态是泥塑的基本要求，其含水程度直接影响泥塑质量。泥塑以泥土为原料，以手工捏制成形，或素或彩，以人物、动物为主，在民间俗称"彩塑""泥玩"，发源于宝鸡市凤翔县，流行于陕西、天津、江苏、河南等地。泥塑造型艺术历史悠久，从最初的新石器时代到今日的现代社会，跨越了数千年的历史长河。它激发出了人类无穷的创作潜能，一直是人类艺术灵感的重要涌现形式。

从泥塑作品来看，泥塑艺术作为一般的艺术形式，既来源于生活，又高于生活。首先，泥塑的原料来自于生活。"黏土"是泥塑最基本的原料，再加上简单的上彩，所用材料是极其简单的。其次，泥塑的素材来自于生活。有的作品如人物、动物、器具直接取材于日常生活，有的作品如神像泥塑则取材于宗教生活。再次，泥塑的创作精神反映了生活。无论是求财求福，还是攘除灾祸，都反映了老百姓生活中最美好的期盼。

从泥塑艺人来看，泥塑艺术的逻辑起点仍然是生活。泥塑艺人的创作动机来自于生活，这包括了两个方面：一方面，对生活的热爱，使他们饱含了无限的创作热情，而泥塑正是这种热情的最好的表达；另一方面，他们作为社会底层的普通百姓，需要养家糊口。每到农闲时节，都会有一些艺人带着泥塑作品"赶集""赶庙会"。

总的来说，泥塑艺术既充满了无限的艺术想象力，又包含了浓郁的生活气息，它是浪漫主义和现实主义的完美结合。

8. 试验思考

请根据表2.13，判断该表中液塑限值是否正确。

表2.13 液塑限联合测定法试验记录表

试验编号	圆锥下沉深度/mm	测点的平均含水率/%	液限/%	塑限/%	塑性指数	土样分类
第一点	3.25	22.8	23.75	22.8	0.95	粉土
第二点	8.05	23.75				
第三点	13.65	29.8				

9. 技能考核项目及标准

技能考核项目及标准见表2.14。

表2.14 技能考核项目及标准

技能考核项目	考核内容	分值	考核标准
选择试验仪器设备（10%）	1. 选择试验所需的所有仪器设备	4分	能够准确识别并清点试验所需仪器设备，每漏（错）1项，扣2分
	2. 制备土样	6分	能够按试验要求准确制备土样，一次性制备成功方可得分
介绍试验原理（15%）	试验原理说明及注意事项等	10分	能够准确说明试验目的、原理、方法，每漏（错）1项，扣5分
		5分	能够准确说明试验注意事项，每漏（错）1项，扣1分
试验操作（50%）	试验操作步骤规范性及准确性	15分	能够进行仪器调整并正确使用操作，每错一步，扣3分
		25分	能够按试验步骤规范熟练操作并得出正确的试验结论，每错一步，扣5分
		10分	能够在规定时间内完成，每超时5min，扣2分
试验数据分析与处理（20%）	数据分析与计算	15分	能够正确处理试验数据，并填表制图，每漏（错）1项，扣3分
		5分	能够核实数据是否在允许误差范围内。漏掉此项，扣5分
试验思考（5%）	试验相关思考题	5分	能够正确回答思考题，每错1项，扣2分

2.6 无侧限抗压强度试验

无侧限抗压强度为土的单轴抗压强度，是土样在无侧向压力条件下，抵抗轴向压力的极限强度。无侧限抗压强度试验用于测定黏性土特别是饱和黏性土的抗压强度及灵敏度。它的设备简单，操作简便，在工程上应用很广。

1. 试验目的

测定天然土体的无侧限抗压强度，计算灵敏度。

2. 试验仪器设备

试验仪器设备包括：应变控制式无侧限压缩仪（图2.12，也可以在应变控制式三轴仪上进行）；位移量表（百分表，量程10～30mm，分度值0.01mm）；重塑筒（图2.13，筒身可以拆成两半，内径3.91cm，高8cm）；托盘天平（称重1000kg，最小分度值0.1g）；其他，如秒表、钢丝锯、卡尺、切土器、塑料薄膜及凡士林等。

图2.12 应变控制式无侧限压缩仪　　图2.13 重塑筒

3. 试验原理

无侧限抗压强度定义：试样在无侧向压力条件下，抵抗轴向压力的极限强度。

土的灵敏度是指原状土的无侧限抗压强度与重塑后的无侧限抗压强度之比值。无侧限条件下的试样所受的小主应力为零，而大主应力的极限为无侧限抗压强度。

4. 试验步骤

制备试样，称其质量，精确至0.1g，用卡尺测出其高度及直径。

（1）将试样两端抹一薄层凡士林，在气候干燥时，试样周围亦需抹一薄层凡士林，防止水分蒸发。

（2）将试样放在底座上，转动手轮，使底座缓慢上升，试样与加压板刚好接触，将测力计读数调整为零。根据试样的软硬程度选用不同量程的测力计。

（3）轴向应变速率宜为每分钟应变1%～3%。转动手柄，使升降设备上升进行试验，轴向应变小于3%时，每隔0.5%应变（或0.4mm）读数一次；轴向应变大于等于3%时，每隔1%应变（或0.8mm）读数一次。试验宜在8～10min内完成。

（4）当测力计读数出现峰值时，继续进行3%～5%的应变后停止试验；当读数无峰值时，试验应进行到应变达20%为止。

（5）试验结束，取下试样，描述试样破坏后的形状。

（6）当需要测定灵敏度时，应立即将破坏后的试样除去涂有凡士林的表面，加少许余土，包于塑料膜内用手搓捏，破坏其结构，重塑成圆柱形，放入重塑筒内，用金属垫板将试样挤成与原状试样尺寸、密度相等的试样，并按上述（1）～（5）的步骤进行试验。

轴向应变应按下式计算：

$$\varepsilon = \frac{\Delta h}{h_0} \times 100\% \tag{2.9}$$

式中　ε——轴向应变，%；

　　　Δh——轴向变形，mm；

　　　h_0——试样初始高度，mm。

试样面积的校正应按下式计算：

$$A_a = \frac{A_0}{1-\varepsilon} \tag{2.10}$$

式中　A_a——校正后试样面积，cm^2；

　　　A_0——试样初始面积，cm^2。

试样所受的轴向应力应按下式计算：

$$\sigma = \frac{CR}{A_a} \times 10 \tag{2.11}$$

式中　σ——轴向应力，kPa；

　　　C——测力计率定系数，N/0.01mm；

　　　R——测力计读数，以0.01mm计。

（7）以轴向应力为纵坐标，以轴向应变为横坐标，绘制轴向应力与轴向应变关系曲线。取曲线上最大轴向应力作为无侧限抗压强度，当曲线上峰值不明显时，取轴向应变为15%所对应的轴向应力作为无侧限抗压强度。

试验结束后，迅速反转手轮，取下试样，描述土样破坏后形状。

灵敏度应按下式计算：

$$S_t = \frac{q_u}{q'_u} \tag{2.12}$$

式中　S_t——灵敏度；

　　　q_u——原状试样的无侧限抗压强度，kPa；

　　　q'_u——重塑试样的无侧限抗压强度，kPa。

5. 成果整理

无侧限抗压强度试验记录见表2.15。

表 2.15   无侧限抗压强度试验记录

试样初始高度 h_0 测力计率定系数 C
试样直径 D 原状试样无侧限抗压强度 q_u
试样初始面积 A_0 重塑试样无侧限抗压强度 q_u'
试样质量 m 灵敏度 S_t
试样密度 ρ

轴向变形 /mm	测力计读数 /0.01mm	轴向应变 /％	校正后试样面积 /cm²	轴向应力 /kPa	试样破坏描述
(1)	(2)	(3)=(1)/h_0×100	(4)=A_0/[1-(3)]	(5)=(2)C/(4)×100	

注 测力计率定系数 $C=10$N/0.01mm。

6. 试验思考

（1）什么是土的灵敏度？
（2）无侧限抗压强度试验的使用条件是什么？

7. 技能考核项目及标准

技能考核项目及标准见表 2.16。

表 2.16   技能考核项目及标准

技能考核项目	考核内容	分值	考核标准
选择试验仪器设备（10％）	1. 选择试验所需的所有仪器设备 2. 制备土样	4 分	能够准确识别并清点试验所需仪器设备，每漏（错）1 项，扣 2 分
		6 分	能够按试验要求准确制备土样，一次性制备成功方可得分
介绍试验原理（15％）	试验原理说明及注意事项等	10 分	能够准确说明试验目的、原理、方法，每漏（错）1 项，扣 5 分
		5 分	能够准确说明试验注意事项，每漏（错）1 项，扣 1 分
试验操作（45％）	试验操作步骤规范性及准确性	10 分	能够进行仪器调整并正确使用操作，每错一步，扣 2 分
		25 分	能够按试验步骤规范熟练操作并得出正确的试验结论，每错一步，扣 5 分
		10 分	能够在规定时间内完成，每超时 5min，扣 2 分
试验数据分析与处理（25％）	数据分析与计算	20 分	能够正确处理试验数据，并填表制图，每漏（错）1 项，扣 4 分
		5 分	能够核实数据是否在允许误差范围内。漏掉此项，扣 5 分
试验思考（5％）	试验相关思考题	5 分	能够正确回答思考题，每错 1 项，扣 2 分

2.7 土的压缩性指标的测定

1. 试验目的

测定土的压缩系数和压缩模量。

2. 试验仪器设备

(1) 固结仪：由环刀（内径为 61.8mm 和 79.8mm，高度为 20mm）、护环、透水板、水槽、加压上盖组成，见图 2.14。

(2) 变形量测设备：量程为 10mm、最小分度值为 0.01mm 的百分表，或最大允许误差为 ±0.2% 的位移传感器。

(3) 加荷设备：可采用量程为 5～10kN 的杠杆式加荷设备。

(4) 其他：如天平、刮刀、钢丝锯、玻璃片、秒表等。

3. 试验原理

本试验通过测定土样在各级压力 p_i 作用下产生的压缩变形值，计算在 p_i 作用下土样相应的孔隙比 e_i，绘制孔隙比与压力关系曲线，计算土的压缩系数和压缩模量。（本试验方法适用于饱和黏性土；当只进行压缩时，允许用于非饱和土。）

4. 操作步骤

(1) 环刀取土。取原状土（取土方向应与天然受荷方向一致），在环刀内壁涂一薄层凡士林，刃口向下放在土样上，将环刀垂直下压，并用切土刀沿环刀外侧切削土样，边压边削至土样高出环刀。根据试样的软硬采用钢丝锯或切土刀整平环刀两端土样，擦净环刀外壁。取环刀两侧余土测含水率和土粒相对密度。

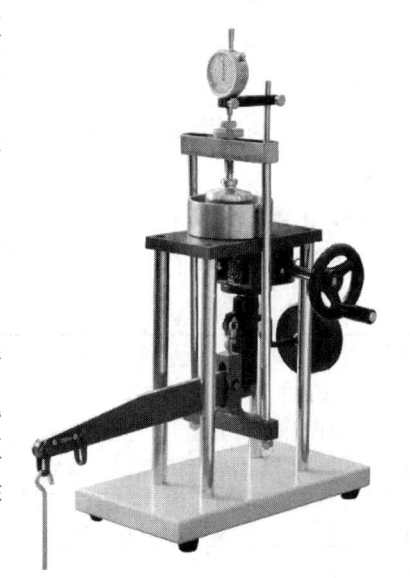

图 2.14　固结仪

(2) 称环刀加土总质量，计算试样的密度。

(3) 在固结仪内放置护环、透水板和薄型滤纸，将带有试样的环刀装入护环内，放上导环，再在试样上依次放薄型滤纸、透水板（滤纸和透水板的湿度应接近试样的湿度）和加压上盖，并将固结仪置于加压框架正中，使加压上盖与加压框架中心对准，安装百分表或位移传感器。

(4) 施加 1kPa 的预压力，使试样与仪器上下各部件之间接触，将百分表或传感器调整到零位或测读初读数。

(5) 确定需要施加的各级压力，压力等级为 12.5kPa、25kPa、50kPa、100kPa、200kPa、400kPa、800kPa、1600kPa、3200kPa。加第一级压力，第一级压力的大小应视土的软硬程度而定，宜用 12.5kPa、25kPa 或 50kPa。加压的同时，开动秒表，按下列时间顺序测记试样的高度变化。时间为 6s、15s、1min、2min15s、4min、

6min15s、9min、12min15s、16min、20min15s、25min、30min15s、36min、42min15s、49min、64mins、100min、200min、400min、23h、24h，至稳定为止。不需要测定沉降速率时，则施加每级压力后24h测定试样高度变化作为稳定标准；只需测定压缩系数的试样，施加每级压力后，每小时变形达0.01mm时，测定试样高度变化作为稳定标准。因时间关系，可按教师指定时间读数。

对于饱和试样，施加第一级压力后应立即向水槽中注水至满。对非饱和试样进行压缩试验时，需用湿棉纱围住加压板周围。

（6）记下试验高度变化稳定值后，根据步骤（5）逐级加压试验，按时间顺序测记各级压力下试样的高度变化。最后一级压力应大于土的自重压力与附加压力之和。只需测定压缩系数时，最大压力不小于400kPa。（注：测定沉降速度仅适用于饱和土。）

（7）试验结束后吸去容器中的水，迅速拆除仪器各部件，取出整块试样，测定含水率。

5. 记录、计算

压缩试验记录见表2.17，计算见表2.18。

表2.17　　　　　　　　　压 缩 试 验 记 录

时间/min	压力/MPa								
	0.0125	0.025	0.05	0.1	0.2	0.4	0.8	1.6	3.2
	变形读数	变形读数	变形读数	变形读数	变形读数	变形读数	变形读数	变形读数	变形读数
0									
0.1									
0.25									
1									
2.25									
4									
6.25									
9									
12.25									
16									
20.25									
25									
变形量/mm									
试样总变形量/mm									

2.7 土的压缩性指标的测定

表2.18　　　　　　　　　　　压缩指标计算表

加压历时	压力 /MPa p_i	试样变形量 /mm $\sum \Delta h_i$	压缩后试样高度 /mm $h = h_0 - \sum \Delta h_i$	孔隙比 $e_i = e_0 - \dfrac{1+e_0}{h_0}\sum \Delta h_i$	压缩系数 /MPa^{-1} $a = \dfrac{e_i - e_{i+1}}{p_{i+1} - p_i}$	压缩模量 /MPa $E_s = \dfrac{1+e_0}{a}$

6. 注意事项

(1) 首先装好试样，再安装量表。

(2) 加荷时，应按顺序加砝码；试验中不要振动试验台，以免指针产生移动。

7. 试验思考

(1) 土的压缩都与哪些因素有关？在工程上体现在哪些方面？

(2) 土体的压缩与哪些指标有关？

8. 技能考核项目及标准

技能考核项目及标准见表2.19。

表2.19　　　　　　　　　　　技能考核项目及标准

技能考核项目	考核内容	分值	考核标准
选择并安装试验仪器设备（10%）	1. 选择试验所需的所有仪器设备，安装固结仪所用部件	6分	能够准确识别并清点安装试验所需仪器设备，每漏（错）1项，扣2分
	2. 制备土样	4分	能够按试验要求准确制备土样，一次性制备成功可得分
介绍试验原理（15%）	试验原理说明及注意事项等	10分	能够准确说明试验目的、原理、方法，每漏（错）1项，扣5分
		5分	能够准确说明试验注意事项，每漏（错）1项，扣1分
试验操作（35%）	试验操作步骤规范性及准确性	10分	能够进行仪器调整并正确使用操作，每错一步，扣2分
		15分	能够按试验步骤规范熟练操作并得出正确的试验结论，每错一步，扣3分
		10分	能够在规定时间内完成，每超时5min，扣2分
试验数据分析与处理（35%）	数据分析与计算	30分	能够正确处理试验数据，并填表制图，每漏（错）1项，扣5分
		5分	能够核实数据是否在允许误差范围内。漏掉此项，扣5分
试验思考（5%）	试验相关思考题	5分	能够正确回答思考题，每错1项，扣2分

2.8 渗 透 试 验

土体是三相介质，由固体颗粒、孔隙中的水和孔隙中的气所组成。在水头差的作用下，水能够通过土的孔隙发生渗透。渗透性质是土体的重要的工程性质，决定土体的强度性质和变形、固结性质，渗透问题是土力学的三个重要问题之一，与强度问题、变形问题合称土力学的三大主要问题。渗透试验主要是测定土体的渗透系数。渗透系数的定义是单位水力梯度的渗透流速，常以 cm/s 作为单位。

渗透试验根据土颗粒的大小可以分为常水头渗透试验和变水头渗透试验，粗粒土常采用常水头渗透试验，细粒土常采用变水头渗透试验。

2.8.1 常水头渗透试验

1. 试验目的

评估土壤的渗透性能以及岩石裂隙的连通性，广泛应用于水利工程、土建工程、地质勘探和环境保护等领域。

2. 试验仪器设备

(1) 70型渗透仪：由金属封底圆筒（内径10cm，高40cm）、金属孔板、滤网、测压管和供水瓶组成，见图2.15。

(2) 温度计：分度值为0.5℃。

(3) 其他：包括木击锤、秒表、天平、量杯等。

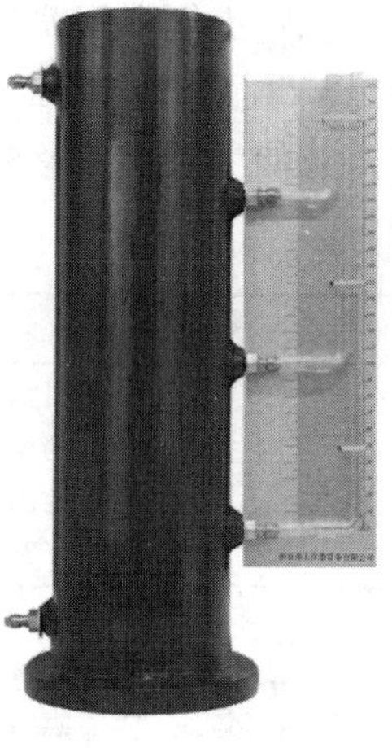

3. 试验原理

达西定律 $$q = kA \frac{\Delta h}{l} \qquad (2.13)$$

式中　q——土中单位渗流量，cm^3/s；

　　　k——渗透系数，cm/s；

　　　A——过水断面面积，cm^2；

　　　Δh——水头损失，cm；

　　　l——渗流长度，cm。

4. 操作步骤

(1) 充水。将调节管与供水管连通，由仪器底部充水至水位略高于金属孔板，关上止水夹。

图2.15　70型渗透仪

(2) 测含水率。取风干试样3~4kg，称量准确至1.0g，并测定其风干含水率。

(3) 装土。将试样分层装入仪器，每层厚2~3cm，用木锤轻轻击实到一定厚度，以控制其孔隙比。当试样中含较多黏粒时，应在滤网上铺2cm厚的粗砂作为过滤层，防细粒土流失。

(4) 饱和。每层试样装好后，连接调节管与供水管，并由调节管进水，微开止水夹，使试样逐渐饱和，当水面与试样顶面齐平时，关上止水夹（饱和试样时水流不应过急，以免冲动土样）。最后一层试样高出上测压孔3~4cm，并在试样上端铺2cm厚的砾石作为缓冲层。最后一层试样饱和后，继续充水至溢水孔有水溢出。

(5) 进水。提高调节管使其高于溢水孔，将供水管和调节管分开，将供水管置入圆筒内，开启止水夹，使水由圆筒上部注入，至水面与溢水孔齐平为止。静置数分钟，检查各测压管水位是否与溢水孔齐平，如不齐平，需挤测压管上的橡皮管，或用吸球排气处理。

(6) 降低调节管口位置，使其位于试样上部 1/3 处，形成水位差。在渗透过程中，溢水孔始终有水流出，以保持筒中水面不变。

(7) 测记水量。测压管水位稳定后，测记水位，计算水位差。

(8) 开动秒表，同时用量筒自调节管接取一定时间的渗透水量，并重复一次。接水时，调节管口不浸入水中。

(9) 测记进水和出水处水温，取其平均值。

(10) 降低调节管口至试样中部及下部 1/3 高度处，改变水力梯度，重复步骤（6）～（9）进行测定。

5. 记录、计算

常水头渗透试验记录见表 2.20。

表 2.20　　　　　　　　　常水头渗透试验记录

试验次数	经过时间	测压管水位/cm	水位差/cm			水力梯度	渗水量/cm³	渗透系数/(cm/s)	水温/℃	校正系数	水温为20℃时的渗透系数/(cm/s)	平均渗透系数/(cm/s)
(1)	(2)	(3)	(4)	(5)=(2)−(3)	(6)=(3)−(4)	(7)=[(5)+(6)]/2	(8)=(7)/l	(9)	(10)	(11)	$(12)=\dfrac{\eta_T}{\eta_{20}}$	(13)=(10)×(12)	(14)

注　$\dfrac{\eta_T}{\eta_{20}}$ 按照《土工试验方法标准》（GB/T 50123—2019）表 8.3.5-1 执行。

2.8.2 变水头渗透试验

1. 试验目的

评估土壤的渗透性能以及岩石裂隙的连通性，广泛应用于水利工程、土建工程、地质勘探和环境保护等领域。

2. 试验仪器设备

(1) 55 型渗透仪：由环刀、透水石、套座、上盖和底座组成，见图 2.16。环刀内径 61.8mm，高 40mm（面积 30cm²）；透水石的渗透系数应大于 10^{-3}cm/s。

(2) 供水装置：由变水头管、供水瓶和进水管等组成。变水头管的内径应均匀，管径不大于1cm（本试验中为8mm），见图2.17。

（3）其他：包括切土器、防水填料（如石蜡、油灰或沥青混合剂等）、100mL量筒、秒表、温度计、修土刀、凡士林和钢丝锯等。

图2.16　55型渗透仪　　　　　　　　　图2.17　供水装置

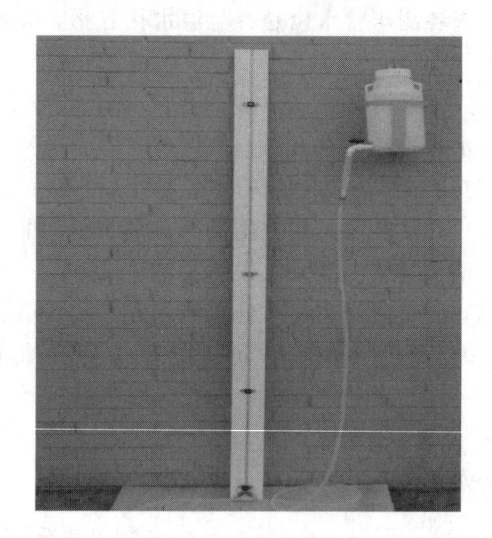

3. 试验原理

$$k = 2.3 \frac{aL}{A(t_2 - t_1)} \lg \frac{h_1}{h_2} \tag{2.14}$$

式中　a——变水头管截面积，cm^2；

　　　A——土样截面积，cm^2；

　　　L——渗径，等于土样高度，cm。

4. 操作步骤

（1）根据需要用环刀切取原状试样或扰动土，制备试样。切土时，应尽量避免结构扰动，并禁止用削土刀反复抹试样表面。

（2）将装有试样的环刀装入渗透容器，用螺母旋紧，要求密封至不漏水、不透气。对不易透水的试样，需进行抽气饱和；对饱和试样和较易透水的试样，直接用变水头装置的水头进行试样饱和。

（3）将渗透容器的进水口与变水头管连接，利用供水瓶中的纯水向进水管注满水，并渗入渗透容器。开排气阀，排除渗透容器底部的空气，直至溢出水中无气泡，关闭排水阀，放平渗透容器，关进水管夹。

（4）向变水头管注入纯水。使水升至预定高度，水头高度根据试样结构的疏松程度确定，一般不应大于2m。待水位稳定后切断水源，开进水管夹，使水通过试样，当出水口有水溢出时，即认为试样已达饱和，开始测记变水头管中起始水头高度和起始时间，按预定时间间隔测记水头和时间的变化，并测记出水口的水温。

（5）将变水头管中的水位回升至需要高度，再测记水头和时间变化，重复5～6次，当不同开始水头下测定的渗透系数在允许差值范围内时，结束试验。

2.8 渗透试验

5. 记录、计算

变水头渗透试验记录见表2.21。

表2.21 变水头渗透试验记录

开始时间/s	终止时间/s	经过时间/s	开始水头/cm	终止水头/cm	渗透系数/(cm/s)	水温/℃	校正系数	水温20℃时的渗透系数/(cm/s)	平均渗透系数/(cm/s)
(1)	(2)	(3)=(2)−(1)	(4)	(5)	$(6)=2.3\times\dfrac{aL}{A(3)}\lg\dfrac{(4)}{(5)}$	(7)	$(8)=\dfrac{\eta_T}{\eta_{20}}$	(9)=(6)×(8)	(10)

注 $\dfrac{\eta_T}{\eta_{20}}$ 按照《土工试验方法标准》(GB/T 50123—2019) 表8.3.5-1执行。

6. 知识拓展

1998年，长江流域遭遇了百年不遇的特大洪水。8月7日，一场突如其来的灾难降临九江。下午1时10分，九江城防大堤4~5号闸口突发大管涌（渗透破坏），随后堤脚塌陷，大堤瞬间被撕开一道近60m长的口子。汹涌的洪水如脱缰野马，以400m³/s的流量扑向九江城区，直接威胁着42万群众的生命安全。面对突如其来的灾情，九江市迅速启动应急预案，解放军、武警官兵、公安干警以及民兵预备役人员火速奔赴现场，一场与时间赛跑的抗洪抢险战斗打响了。南京军区领导亲临一线指挥，命令部队不惜一切代价抢堵决口，确保人民生命财产安全。据统计，先后有101万人次的军民投入这场战斗中。他们顶着烈日，冒着暴雨，与时间赛跑，与洪水搏斗。九江市民也自发加入抗洪抢险行列，用血肉之躯筑起了一道道坚固的防线。

在这次洪水中，管涌是一个重要的致灾因素。管涌是指堤防或坝体内部的土壤颗粒在渗流作用下被逐渐带走，形成空洞或通道，最终导致堤防或坝体溃决的现象。管涌的危害极大，一旦形成，会迅速扩大，导致堤坝崩溃，洪水泛滥。为了防止管涌的发生，可对堤防进行加固处理，如采用混凝土防渗墙、土工膜等防渗材料，提高堤防的防渗能力；加强对白蚁等害虫的防治工作，采用药物灭杀、人工挖巢等方法，减少害虫对堤坝的破坏；利用现代科技手段，如卫星遥感、无人机巡查等，对堤防进行实时监测，及时发现并预警管涌等险情。

7. 试验思考

(1) 常水头及变水头试验各自的适用范围有哪些？

(2) 达西定律的表达式是什么？

(3) 渗透系数的测定方法有哪些？

(4) 试验装置中装有两种土样，土样1位于土样2的上部，如图2.18所示。长度

$L_1=L_2=20\text{cm}$，总水头损失 $\Delta h=30\text{cm}$，土样 1 渗透系数为 $k_1=0.03\text{cm/s}$，土样 2 水力梯度为 $i_2=0.5$。求土样 2 的渗透系数和土样 1 的水力梯度。

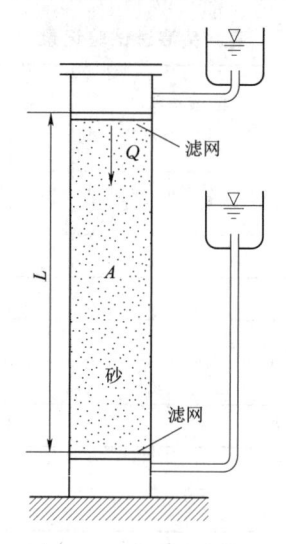

图 2.18 渗透试验装置

8. 技能考核项目及标准

技能考核项目及标准见表 2.22。

表 2.22　　　　　　　　　　技能考核项目及标准

技能考核项目	考核内容	分值	考 核 标 准
选择并安装试验仪器设备（10%）	1. 选择试验所需的所有仪器设备	6 分	能够准确识别并清点试验所需仪器设备，每漏（错）1 项，扣 2 分
	2. 安装	4 分	能够按试验要求安装所需要的渗透装置，安装成功方可得分
介绍试验原理（15%）	试验原理说明及注意事项等	10 分	能够准确说明试验目的、原理、方法，每漏（错）1 项，扣 5 分
		5 分	能够准确说明试验注意事项，每漏（错）1 项，扣 1 分
试验操作（45%）	试验操作步骤规范性及准确性	10 分	能够进行仪器调整并正确使用操作，每错一步，扣 2 分
		25 分	能够按试验步骤规范熟练操作并得出正确的试验结论，每错一步，扣 5 分
		10 分	能够在规定时间内完成，每超时 5min，扣 2 分
试验数据分析与处理（25%）	数据分析与计算	20 分	能够正确处理试验数据，并填表计算，每漏（错）1 项，扣 5 分
		5 分	能够核实数据是否在允许误差范围内。漏掉此项，扣 5 分
试验思考（5%）	试验相关思考题	5 分	能够正确回答思考题，每错 1 项，扣 2 分

2.9 静力三轴压缩试验

三轴压缩试验是测定土的抗剪强度的一种方法。土的抗剪强度是土体抵抗破坏的极限能力。堤坝填方、路堑、岸坡等是否稳定，挡土墙和建筑物地基是否能承受一定的荷载，都与土的抗剪强度有密切的关系。稳定分析就是研究土体发生破坏的滑动力与土体抗滑力之间的关系，当土体内的剪应力超过土体的抗剪强度，必然引起土体的破坏，因此，如何确定土体的强度就很重要。在土坡稳定、地基承载力及土压力等的计算中，土的抗剪强度是很重要的指标。土的强度受许多因素如土的类型、密度、含水率及受力条件、应力历史等影响。一般认为：土体的破坏条件用莫尔-库仑破坏准则表示比较符合实际情况。根据莫尔-库仑破坏准则，在各向主应力的作用下，作用在土体某一应力面上的剪应力与法向应力之比达到某一比值（即土的内摩擦角正切值），土体就将沿该面发生剪切破坏，而与作用的各向主应力的大小无关。

1. 试验目的

测定黏性土和砂性土的总抗剪强度参数和有效抗剪强度参数。

2. 试验仪器设备

试验仪器设备包括应变控制式三轴剪切仪（图2.19）、附属设备（击实器、饱和器、切土器、分样器、承膜筒等）、天平、橡皮膜、烘箱、钢丝锯、滤纸等。

图2.19 应变控制式三轴剪切仪

3. 试验原理

三轴压缩试验是测定土体抗剪强度指标的一种比较完善的室内试验方法，可以严格控制排水条件,可以测量土体内的孔隙水压力。

常规的三轴压缩试验是取 3～4 个圆柱体试样,分别在其四周施加不同的恒定周围压力(即小主应力),随后逐渐增加轴向压力(即大主应力),直至破坏为止。根据破坏时的大主应力与小主应力分别绘制莫尔圆,莫尔圆的切线就是剪应力与法向应力的关系曲线,通常以近似的直线表示,其倾角为内摩擦角,在纵轴上的截距为黏聚力。

根据土样固结排水条件和剪切时的排水条件,三轴试验可分为不固结不排水剪(UU)、固结不排水剪(CU)、固结排水剪(CD)等。其中,不固结不排水剪(UU)指:试样在施加周围应力和轴向应力直至破坏的整个试验过程中,都不允许排水,这样从开始加压直至试样剪坏,土中的含水量始终保持不变,孔隙水压力也不可能消散,可以测得总抗剪强度指标;固结不排水剪(CU)指试样在周围压力下排水固结,待固结稳定后,再在不排水条件下施加轴向压力直至破坏,可同时测定总抗剪强度指标或有效抗剪强度指标及孔隙水压力系数;固结排水剪(CD)指试样先在周围压力下排水固结,然后在充分排水的条件下增加轴向压力直至破坏,可测得总抗剪强度指标。

4. 操作步骤

(1)仪器检查。检查包括周围压力和反压力控制系统的压力源;空气压缩机的稳定控制器(又称压力控制器);调压阀的灵敏度及稳定性;监视压力精密压力表的精度和误差;稳压系统有无漏气现象;管路系统的周围压力、孔隙水压力、反压力和体积变化装置以及试样上下端通道节头处是否存在漏气或阻塞现象;孔压及体变的管道系统内是否存在封闭气泡,若有封闭气泡可用无气水进行循环排水;土样两端放置的透水石是否畅通和浸水饱和;乳胶薄膜套是否有漏气的小孔;轴向传压活塞是否存在摩擦阻力等。

(2)试样制备和饱和。

1)根据所要求的干容重,称取制备好的重塑土。将 3 片击实筒按号码对好,套上箍圈,涂抹凡士林。粉质土分 3～5 层,黏质土分 5～8 层,分层装入击实筒击实(控制一定密度),每层用击实器击实一定次数,达到要求高度后,用切土刀刨毛以利于两层面之间结合(各层重复)。击实最后一层后,加套模,将试样两端整平,拆去箍圈,分片推出击实筒,并注意不要损坏试样,各试样的容重差值不大于 0.3N/cm^3。

对于砂土,应先在压力室底座上依次放上透水石、滤纸、乳胶薄膜和对开圆模筒,然后根据一定的密度要求,将砂土分三层装入圆模筒内击实。如果制备饱和砂样,可在圆模筒内通入纯水至 1/3 高,将预先煮沸的砂料填入,重复此步骤,使砂样达到预定高度,放滤纸、透水石、顶帽,扎紧乳胶膜。为使试样能站立,应对试样内部施加 0.05kg/cm^2(5kPa)的负压力或用量水管降低 50cm 水头,然后拆除对开圆模筒。

2)原状试样。将原状土制备成略大于试样直径和高度的毛坯,置于切土器内,用钢丝锯或切土刀边削边旋转,直到满足试件的直径要求为止,然后按要求的高度切除两端多余土样。

2.9 静力三轴压缩试验

3) 试样饱和。

a. 真空抽气饱和法。将制备好的土样装入饱和器内置于真空饱和缸。为提高真空度，可在盖缝中涂上一层凡士林以防漏气。将真空抽气机与真空饱和缸接通，开动抽气机，当真空压力达到一个大气压力时，微微开启管夹，使清水徐徐注入真空饱和缸的试样中，待水面超过土样饱和器后，使真空表压力保持一个大气压力不变，即可停止抽气。然后静置一段时间，粉性土大约10h，使试样充分吸水饱和。另一种抽气饱和办法，是将试样装入饱和器后，先浸没在有清水的真空饱和缸内，连续真空抽气2~4h（黏土），然后停止抽气，静置小时左右即可。

b. 水头饱和法。将试样装入压力室内，施加0.2kg/cm²（20kPa）的周围压力，使无气泡的水从试样底座进入，待上部溢出，水头高差一般在1m左右，直至流入水量和溢出水量相等为止。

c. 反压力饱和法。在不固结不排水条件下，对土样顶部施加反压力，但试样周围应施加侧压力，反压力应低于侧压力0.05kg/cm²（5kPa）。当试样底部孔隙压力稳定后关闭反压力阀，再施加侧压力。当增加的侧压力与增加的孔隙压力的比值大于0.95时，认为达到饱和；否则再增加反压力和侧压力使土体内气泡继续缩小，然后再重复上述测定。

(3) 试样安装与剪切。

1) 不固结不排水剪试验。

a. 在压力室底座上依次放不透水板、试样、不透水板和试样帽，在试样外套上橡皮膜，并将橡皮膜两端与底座及试样帽用橡皮圈扎紧。放上压力罩，将活塞对准试样中心，并均匀地拧紧底座连接螺母。向压力室内注满纯水，拧紧排气孔，并将活塞对准测力计和试样顶部。

b. 施加周围压力，其大小应与工程实际荷载相适应。

c. 转动手轮并转动活塞，当测力计有微读数时，表示活塞与试样帽接触，将测力计和轴向位移计读数调至零位。

d. 选择剪切应变速率，每分钟应变0.5%~1.0%为宜。启动电动机，合上离合器，开始剪切。试样每产生0.3%~0.4%的轴向应变（或0.2mm变形量），测记一次测力计读数和轴向变形值。当测力计读数出现峰值时，剪切应继续进行到轴向应变为15%~20%。

e. 试验结束，关电动机，关周围压力阀，打开排气孔，排除压力室内的水，拆除试样，称量、测定试样含水率。

2) 固结不排水剪试验。

a. 开孔隙压力阀和量管阀，使压力室底座充水排气，并关阀。在底座上依次放上透水板、湿滤纸、试样、湿滤纸和透水板，在试样周围贴上滤纸条，并套上橡皮膜，将橡皮膜下端扎紧在底座上。打开孔隙压力阀和量管阀，使水缓慢地从试样底部流入，排除试样与橡皮膜之间的气泡，关孔隙压力阀和量管阀。打开排水阀，使试样帽充水，放在透水板上，将橡皮膜与试样帽扎紧，降低排水管，吸除试样与橡皮膜之间的余水，关排水阀。加上压力罩、充水、调整测力计读数与不固结不排水剪试验相同。

b. 调整排水管水面与试样高度的中心齐平，测记水面初读数。开孔隙压力阀，使孔隙压力等于大气压力，关阀，记下初读数。需要施加反压力时，按前面所述进行。

c. 将孔隙压力调至接近周围压力值，施加周围压力后，打开孔隙压力阀，待孔压稳定后，测记孔隙压力值。打开排水阀，直至孔隙压力消散至95%以上。固结完成后，关排水阀，测记孔隙压力和排水量。

d. 转动手轮，并转动活塞，使活塞与测力计接触，测读轴向变形值。将测力计调至零位。

e. 选择剪切应变速率，黏土每分钟应变 0.05%～0.1%；粉土每分钟应变 0.1%～0.5% 为宜。启动电动机，合上离合器，开始剪切，过程中按一定变形量测记测力计读数、轴向变形和孔隙水压力，剪切至轴向变形达 15%～20% 停止试验，关电动机，关各阀门，拆除试样、称量、测定试样含水率。

3) 固结排水剪试验。试样的安装、固结、剪切与固结不排水剪试验相同，但剪切过程中应将排水阀门打开，剪切速率采用每分钟应变 0.003%～0.012%。

5. 成果整理

(1) 试样固结后的高度 h_c、面积 A_c、体积 V_c 计算：

$$h_c = h - \Delta h_c \tag{2.15}$$

$$A_c = \frac{V_0 - \Delta V}{h_c} \tag{2.16}$$

$$V_c = A_c h_c \tag{2.17}$$

式中　Δh_c——固结下沉量，由轴向位移计测得，cm；

　　　V_0——试样初始体积，cm³；

　　　ΔV——固结排水量，按体变管或排水管读数求得，cm。

(2) 计算轴向应变 ε_1。

$$\varepsilon_1 = \frac{\Delta h_i}{h_0} \times 100\% \tag{2.18}$$

式中　ε_1——轴向应变，%；

　　　Δh_i——试样剪切时高度的变化，mm；

　　　h_0——试验原始高度，mm。

(3) 计算剪切时试样面积的校正值 A_a。

$$A_a = \frac{A_0}{1 - 0.01\varepsilon_1} \tag{2.19}$$

式中　ε_1——轴向应变，%；

　　　A_0——试样原始面积，cm²。

(4) 计算主应力差和有效主应力比。

$$\sigma_1 - \sigma_3 = \frac{CR}{A_a} \times 10 \tag{2.20}$$

式中　C——量力环校正系数，N/0.01mm；

　　　R——量力环中测微表读数，0.01mm；

　　　σ_1、σ_3——最大主应力和最小主应力，kPa；

10——单位换算系数。

$$\frac{\sigma_1'}{\sigma_3'}=\frac{\sigma_1-u}{\sigma_3-u} \tag{2.21}$$

式中 σ_1'、σ_3'——有效最大主应力和有效最小主应力，kPa；

u——孔隙水压力，kPa。

(5) 计算孔隙水压力系数 B 和 A。

$$B=\frac{u_i}{\sigma_3} \tag{2.22}$$

$$\overline{B}=\frac{u_f}{\sigma_{1f}} \tag{2.23}$$

$$A=\frac{u_d}{B(\sigma_1-\sigma_3)} \tag{2.24}$$

$$\overline{A}=A-B \tag{2.25}$$

式中 u_i——某一周围压力下的起始孔隙水压力，kPa；

u_f——某周围压力下试样破损时的总孔隙水压力，kPa；

u_d——试样在主应力差 $\sigma_1-\sigma_3$ 下出现的孔隙水压力，kPa；

σ_{1f}——某周围压力下试样破损时的最大主应力，kPa。

三轴试验记录见表2.23、表2.24。

表2.23　　　　　　　三 轴 剪 切 试 验 记 录

钢环系数：＿＿＿N/0.01mm　剪切速率：＿＿＿mm/min　周围压力：＿＿＿kPa

轴向变形	轴向应变	校正面积	钢环读数	主应力差

表2.24　　　　　　　三轴剪切试验结果计算表

破坏时			总应力				有效应力				起始孔隙压力/kPa	孔隙压力系数	
周围压力/kPa	主应力差/kPa	孔隙压力/kPa	最大主应力/kPa	应力圆半径/kPa	应力圆圆心/kPa	最大主应力/kPa	最小主应力/kPa	应力圆半径/kPa	应力圆圆心/kPa		B	A
(1)	(2)	(3)	(4)	(5)	(6)	(7)	(8)	(9)	(10)	(11)	(12)	(13)
100												
200												
300												
400												

续表

破坏时			总应力			有效应力				起始孔隙压力/kPa	孔隙压力系数	
周围压力/kPa	主应力差/kPa	孔隙压力/kPa	最大主应力/kPa	应力圆半径/kPa	应力圆圆心/kPa	最大主应力/kPa	最小主应力/kPa	应力圆半径/kPa	应力圆圆心/kPa		B	A
(1)	(2)	(3)	(4)	(5)	(6)	(7)	(8)	(9)	(10)	(11)	(12)	(13)
内摩擦角												
黏聚力												
土样破坏情况描述												
试验方法			在固结不排水条件下测孔隙压力,以主应力差峰值为破坏标准									

6. 注意事项

(1) 试验前,透水石要煮至沸腾,把气泡排出,要检查橡皮膜是否有漏洞。

(2) 试验时,压力室内充满纯水,没有气泡。

(3) 轴向加荷速率即剪切应变速率,是三轴压缩试验中的一个重要因素,它不仅关系到试验的历时,而且影响试验成果。

7. 知识拓展

(1) 1964年日本新潟县南方近海40km发生7.5级大地震,并引发严重的土壤液化现象。这是日本与世界地震史上第一个以严重土壤液化灾害闻名的地震。当时的楼房考虑了抗震,没有因地震而坍塌,但很多建筑却出现了整体倾斜,有些建筑虽然没有完全倾倒,倾斜度却超过了60°,导致房屋破坏。

事故原因:本质上是由于地基土体强度不足而导致的破坏。因砂土液化,地震作用使得地基土体变成了一盘散沙。

(2) 在旧中国,孙中山曾无奈地说:"中国虽四万万之众,实等于一盘散沙"。当时的旧中国军阀割据、战争频仍、山河破碎、民不聊生,在这些压力下,为什么孙中山带领的国民党没能成功解救中国?因为如同盖沙堡第一步一样,光施加压力,却缺少黏聚力,散沙是难以形成强度的。一盘散沙想要筑成沙雕城堡需要两个因素:一是外部要有压力,即库仑公式第一项,正应力越大,摩擦强度越大;二是要有黏聚力,即库仑公式第二项。新中国成立同样也具备两个因素:一是外部有压力,如军阀割据、战争频仍、山河破碎、民不聊生;二是内部有凝聚力,中国共产党在马克思主义理论的引领和共产主义理想的感召下,形成了伟大的建党精神,把曾被人视为"一盘散沙"的中国各族人民团结和凝聚成万众一心的不可战胜的力量,解救了旧中国,并带领中国人民在实现伟大复兴的路上不断前行。

(3) 党的二十大报告指出:"坚持和加强党的全面领导。坚决维护党中央权威和集中统一领导,把党的领导落实到党和国家事业各领域各方面各环节,使党始终成为风雨来袭时全体人民最可靠的主心骨,确保我国社会主义现代化建设正确方向,确保拥有团结奋斗的强大政治凝聚力、发展自信心,集聚起万众一心、共克时艰的磅礴力量。"同学们在进行试验时,也有具有团队合作精神,提升凝聚力,像地基土一样具备足够的"强度"和"承载能力"。

2.9 静力三轴压缩试验

8. 试验思考

(1) 为什么三轴试验更接近地基土的真实情况？

(2) 试验过程中如何控制孔隙水压力 u？如何进行水下样的饱和？

9. 技能考核项目及标准

技能考核项目及标准见表 2.25。

表 2.25　　　　　　　　　技能考核项目及标准

技能考核项目	考核内容	分值	考 核 标 准
选择并安装试验仪器设备（15%）	1. 选择试验所需的所有仪器设备 2. 安装	10分	能够准确识别并清点试验所需仪器设备，每漏（错）1项，扣2分
		5分	能够按试验要求安装所需要的三轴装置，安装成功方可得分
介绍试验原理（10%）	试验原理说明及注意事项等	5分	能够准确说明试验目的、原理、方法，每漏（错）1项，扣2分
		5分	能够准确说明试验注意事项，每漏（错）1项，扣1分
试验操作（50%）	试验操作步骤规范性及准确性	10分	能够进行仪器调整并正确使用操作，每错一步，扣2分
		30分	能够按试验步骤规范熟练操作并得出正确的试验结论，每错一步，扣5分
		10分	能够在规定时间内完成，每超时5min，扣2分
试验数据分析与处理（20%）	数据分析与计算	15分	能够正确处理试验数据，并填表计算，每漏（错）1项，扣5分
		5分	能够核实数据是否在允许误差范围内。漏掉此项，扣5分
试验思考（5%）	试验相关思考题	5分	能够正确回答思考题，每错1项，扣2分

2.10 直 剪 试 验

土的抗剪强度是指在外力作用下，一部分土体对另一部分滑动土体所具有的抵抗剪切破坏的极限强度。直剪试验是测定土抗剪强度的一种常用的、古老的、又最简单的方法。测定土不同压力下的抗剪强度，得出土的抗剪强度指标——黏聚力和内摩擦角，可以估算地基承载力，评价地基稳定性，计算挡土墙土压力等。

1. 试验目的

测得地基强度计算和稳定分析所需的土的抗剪强度参数——内摩擦角和黏聚力。

2. 试验仪器设备

（1）应变控制式直剪仪（手动）：包括剪切盒、垂直加压设备、剪切传动装置、测力计、位移量测系统，见图2.20。

（2）百分表：量程为10mm，最小分度值为0.01mm。

（3）其他：包括环刀（面积为30cm^2，高为20mm）、切土刀、钢丝锯、硬塑料薄膜、凡士林、玻璃板、秒表等。

3. 试验原理

直接剪切试验一般可分为慢剪（S）、固结快剪（CQ）和快剪（Q）三种试验方法。

（1）慢剪试验：先使土样在某一级垂直压力作用下排水固结，变形稳定（黏性土需要16h以上）后，再缓慢施加水平剪应力。在施加剪应力的

图2.20 应变控制式直剪仪（手动）

过程中，使土样内始终不产生孔隙水压力，在不同垂直压力下对几个土样进行慢剪，将会得到有效应力抗剪强度参数值，但历时较长。

（2）固结快剪试验：先使土样在某荷载下固结至排水变形稳定，再以较快速度施加剪力，直至剪坏，一般在3～5min内完成。由于时间短促，剪刀所产生的超静水压力不会转化为粒间的有效应力。在不同的应力作用下对几个土样进行试验，便能求得总应力抗剪强度参数。

（3）快剪试验：采用原状土样（尽量接近现场情况），在较短时间内完成试验，一般在35min内完成。这种方法使粒间有效应力维持原状，不受试验外力的影响，但由于这种粒间有效应力的数值无法求得，只能求得 $\sigma\tan\varphi+c$ 的混合值。快剪试验适用于测定黏性土天然强度，但内摩擦角将会偏大。

本试验介绍应变控制式直剪仪法，其他剪切试验方法与仪器的使用可参阅规范。

资源2.7
直剪试验

4. 操作步骤

（1）将环刀内侧涂上一层凡士林，刀刃向下放在土样上。

(2) 用刮土刀将环刀均匀压入土样，高出环刀上沿 1~2mm 为宜，然后用钢丝锯和刮土刀将土样两端刮平。

(3) 对准上下剪切盒，插上销钉，将土样放入盒内。

(4) 试样装好后，转动手轮，使上盒前端与测力计接触。顺次加上加压盖、钢珠、加压架。

(5) 根据试验设计施加垂直压力：50kPa、100kPa、200kPa、400kPa。

(6) 施加垂直荷载后，立即拔去销钉，将百分表调零，开动秒表，以 1.2mm/min 的速率剪切土样。手轮每分钟 6 转，根据试样情况最多 30 转，使土样在 3~5min 内剪坏。手轮每转一圈，同时测记百分表读数。

(7) 剪切结束后，退去剪切盒垂直压力，取出土样，重新安装第二个试样，进行下一级试验，直至试验结束。

(8) 试验结束后，将仪器及取土工具清洗干净，放回原位。

5. 成果整理

(1) 按下式计算每一试样的剪应力：

$$\tau = CR \tag{2.26}$$

式中 τ——剪应力，kPa；

R——测力计读数，0.01mm；

C——测力计率定系数，kPa/0.01mm。

(2) 以剪应力为纵坐标，以剪切位移横坐标，绘制应力与剪切位移关系曲线。

(3) 选取剪应力 τ 与剪切位移 Δl 关系曲线上的峰值点或稳定值作为抗剪强度 S。如无明显峰点，则取剪切位移 Δl 等于 4mm 对应的剪应力作为抗剪强度 S。

(4) 以抗剪强度 S 为纵坐标，以垂直压力 σ 为横坐标，绘制抗剪强度 S 与垂直压力 σ 的关系曲线。根据图上各点绘直线，直线的倾角为土的内摩擦角，直线在纵坐标轴上的截距为土的黏聚力 c。

直接剪切试验记录见表 2.26。

表 2.26　　　　　　　　直接剪切试验记录表

试样编号：　　　　　　　剪切前固结时间：
仪器编号：　　　　　　　剪切前压缩量：
垂直压力：　　　　　　　剪切历时：
测力计率定系数：　　　　抗剪强度：

手轮转数/转 (1)	测力计读数/0.01mm (2)	剪切位移/0.01mm (3)	剪应力/kPa (4)

6. 试验思考

(1) 与三轴试验相比，直接剪切试验的优缺点有哪些？

(2) 直接剪切试验与三轴试验的原理有何不同？

7. 技能考核项目及标准

技能考核项目及标准见表 2.27。

表 2.27　　　　　　　　　　技能考核项目及标准

技能考核项目	考核内容	分值	考 核 标 准
选择并安装试验仪器设备（10%）	1. 选择试验所需的所有仪器设备	6 分	能够准确识别并清点试验所需仪器设备，每漏（错）1 项，扣 2 分
	2. 安装	4 分	能够按试验要求安装所需要的试验装置，安装成功方可得分
介绍试验原理（10%）	试验原理说明及注意事项等	5 分	能够准确说明试验目的、原理、方法，每漏（错）1 项，扣 2 分
		5 分	能够准确说明试验注意事项，每漏（错）1 项，扣 1 分
试验操作（50%）	试验操作步骤规范性及准确性	10 分	能够进行仪器调整并正确使用操作，每错一步，扣 2 分
		30 分	能够按试验步骤规范熟练操作并得出正确的试验结论，每错一步，扣 5 分
		10 分	能够在规定时间内完成，每超时 5min，扣 2 分
试验数据分析与处理（25%）	数据分析与计算	20 分	能够正确处理试验数据，并填表计算，每漏（错）1 项，扣 5 分
		5 分	能够核实数据是否在允许误差范围内。漏掉此项，扣 5 分
试验思考（5%）	试验相关思考题	5 分	能够正确回答思考题，每错 1 项，扣 2 分

2.11 击 实 试 验

1. 试验目的

击实试验的目的是模拟施工现场的压实条件,测定试验土在一定击实次数下的最大干密度和相应的最优含水率,保证在一定的施工条件下控制填土达到设计所要求的压实标准。在施工中再结合现场土要求达到的干密度得到土的压实度,用以控制现场施工质量。所以击实试验是施工现场重要的试验项目。

2. 试验仪器设备

试验仪器设备包括电动击实仪(图 2.21)、击实筒、击锤、倒杆、干燥器、烘箱[能控温在(100±5)℃]、天平(最小分度值为 0.01g 和 1g)、圆孔筛(孔径为 38mm、25mm、19mm、5mm)、小铲、盛土盘、刷子、修土刀、喷水设备、拌和盘(600mm×400mm×70mm)、铝盒、脱模器。

3. 试验原理

在一定的压实效应下,如果土的含水率不同,则所得的密度也不相同。当压实能和压实方法不变时,土的干密度随含水率的增加而增加,当含水率继续增加时,土体的干密度反而减小。这是因为细粒土在含水率较低时颗粒表面形成薄膜水,摩擦增大,不易压实;当含水率继续增大时,颗粒表面结合水膜逐渐加厚,水体这时起到了润滑作用,在外力作用下,可以容易移动,便于压实;继续增加水量,只会增加空隙的体积,使干密度降低。击实试验是利用标准化的锤击试验装置获得土的含水率与干密度之间的关系曲线,从而确定土的最大干密度和最优含水率的一种试验方法。

图 2.21 电动击实仪

4. 试验步骤

(1)试样制备。取约 20kg 的代表性风干土样或天然含水率土样,通过 5mm 的筛,并测定土样的风干或天然含水率。

(2)由土的塑限预估最优含水率。将风干或天然含水率土样分成 5 份平铺于搪瓷盘内,用喷雾器喷洒预定的水量,并充分搅拌,制备 5 个不同含水率的一组试样,含水率依次相差 2%,且其中有两个含水率大于塑限、两个含水率小于塑限。然后将试样分别装入盛土容器内,盖紧盖子,润湿一昼夜。砂土的润湿时间可酌减。测定润湿土样不同位置处的含水率,不应少于两点,含水率差值不得大于 1%。

(3)在击实筒内壁均匀涂一层润滑油,将电动击实仪平稳置于刚性基础上,使击实筒与底座连接好。

(4)将拌和均匀后的土样分三层装入轻型击实仪中击实,每层 25 击。第一层松土厚约为击实容积的 2/3,击实后土样体积约为击实容积的 1/3;第二层松土需装至与击实筒平,击实后土样体积约为击实容积的 2/3;然后安上护筒,再装松土至与护筒平(因护筒高约为击实筒的 1/3),这样击实后的土样可略高于击实筒。各层交界处的土面应刨毛。击实后,超出击实筒顶的试样高度应小于 6mm。

资源 2.8 击实试验

41

(5) 取下护筒,注意勿将筒内试样带出,齐筒顶将试样面小心削平。再拆去底板,试样底面若有突出或孔洞,则需小心削平或填补,然后擦净筒的外壁,称其质量。精确至1g,并计算试样的湿密度。

(6) 拆开土样筒,推出筒内试样,从试样中心处取出两个试样(各约30g),测定其含水率,两个含水率的差值应不大于1%。

(7) 对不同含水率的试样依次击实。

5. 成果整理

(1) 计算试样的干密度:

$$\rho_d = \frac{\rho_0}{1+0.01\omega} \tag{2.27}$$

式中 ρ_d ——试样的干密度,g/cm³;

ρ_0 ——试样的密度,g/cm³;

ω ——试样的含水率,%。

(2) 计算饱和含水率:

$$\omega_{sat} = \left(\frac{\rho_{w0}}{\rho_d} - \frac{1}{G_s}\right) \times 100\% \tag{2.28}$$

式中 ω_{sat} ——饱和含水率,%;

ρ_{w0} ——4℃时水的密度,g/cm³。

击实试验记录见表2.28。

表 2.28　　　　　　　　　击 实 试 验 记 录 表

	试验次数		1	2	3	4	5	6
计算干密度	加水量							
	筒加土质量	(1)						
	筒质量	(2)						
	湿土质量	(3)						
	筒体积	(4)						
	湿密度	(5)						
	干密度	(6)						
计算含水率	盒号							
	盒加湿土质量	(1)						
	盒加干土质量	(2)						
	盒质量	(3)						
	水质量	(4)						
	干土质量	(5)						
	含水率	(6)						
	平均含水率							

2.11 击实试验

6. 注意事项

（1）击实时，击锤应自由垂直落下，锤迹必须均匀分布于土样上。

（2）最大干密度应为干密度与含水率的关系曲线（顺滑）上峰值点的纵坐标，如曲线不能绘出明显的峰值点，应进行补点或重做。

（3）击实完成后，试样高出筒顶面的高度应符合规定要求。

（4）试验结束后，应将试验仪器清洗干净、摆放整齐并清扫整理试验场地。

7. 试验思考

（1）什么是最优含水率？它有什么实际意义？

（2）试验室为什么要分层加土？各层土交接面处为什么要进行刨毛？

8. 技能考核项目及标准

技能考核项目及标准见表2.29。

表2.29　　　　　　　　　技能考核项目及标准

技能考核项目	考核内容	分值	考核标准
选择试验仪器设备（10%）	1. 选择试验所需的所有仪器设备	6分	能够准确识别并清点试验所需仪器设备，每漏（错）1项，扣2分
	2. 制备土样	4分	能够按试验要求制备土样，成功方可得分
介绍试验原理（10%）	试验原理说明及注意事项等	5分	能够准确说明试验目的、原理、方法，每漏（错）1项，扣2分
		5分	能够准确说明试验注意事项，每漏（错）1项，扣1分
试验操作（55%）	试验操作步骤规范性及准确性	10分	能够进行仪器调整并正确使用操作，每错一步，扣2分
		35分	能够按试验步骤规范熟练操作并得出正确的试验结论，每错一步，扣5分
		10分	能够在规定时间内完成，每超时5min，扣2分
试验数据分析与处理（20%）	数据分析与计算	15分	能够正确处理试验数据，并填表计算，每漏（错）1项，扣5分
		5分	能够核实数据是否在允许误差范围内。漏掉此项，扣5分
试验思考（5%）	试验相关思考题	5分	能够正确回答思考题，每错1项，扣2分

2.12 静力触探试验

1. 试验目的

静力触探是指利用压力装置将有触探头的触探杆压入试验土层，通过量测系统测土的贯入阻力，可确定土的某些基本物理力学特性，如土的变形模量、土的容许承载力等。

2. 试验仪器设备

静力触探试验所用的仪器设备为贯入装置，见图2.22，包括触探主机、反力装置、探头、探杆、深度转换装置及测量记录仪等。各类探头见图2.23～图2.25。

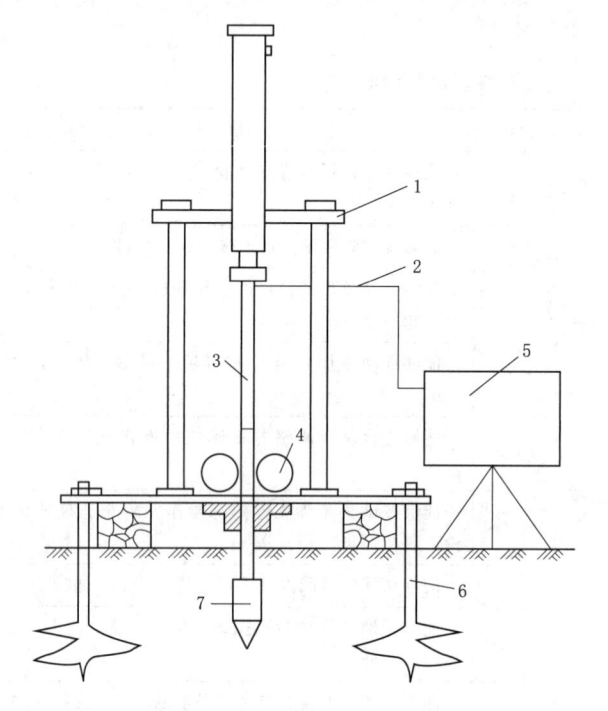

图 2.22 贯入装置示意图
1—触探主机；2—导线；3—探杆；4—深度转换装置；
5—测量记录仪；6—反力装置；7—探头

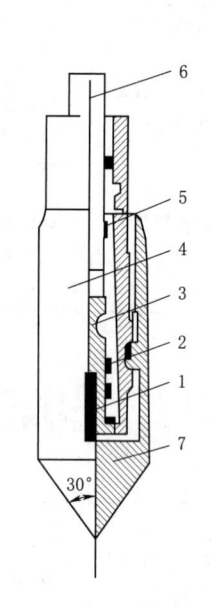

图 2.23 单桥探头
1—顶柱；2—电阻片；3—变形柱；
4—探头筒；5—密封圈；
6—电缆；7—锥头

（1）探头。通用的标准是：锥底面积 10cm^2，锥尖角度 $60°$，摩擦套筒面积 150cm^2；孔压静力触探的孔隙压力透水元件的下表面距锥底约 5mm，透水元件厚 3mm。

探头内装锥尖阻力、侧壁摩阻力及孔隙压力传感器，分别测定锥尖阻力 q_c、侧壁摩阻力 f_s、u 等值。探头的设计应保证，在工作状态下各传感器相互独立，其相互干扰值应低于自身测试值的 0.3%。此外，探头应具有良好的防尘、防水性能，并能在 $-10\sim50℃$ 环境温度中正常工作。

为提高孔隙压力测量的灵敏性，除要求传感器具有良好的灵敏性之外，要采用小

2.12 静力触探试验

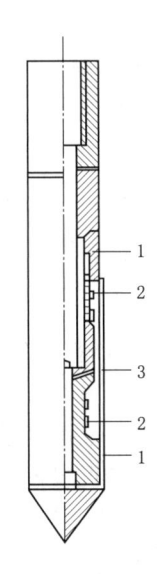

图 2.24 双桥探头
1—变形柱；2—电阻片；
3—摩擦筒

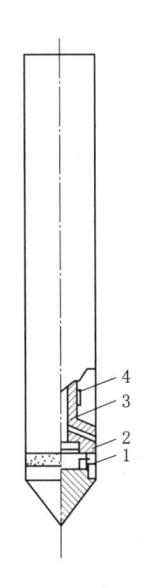

图 2.25 孔压静力探头
1—透水石；2—孔压传感器；
3—变形柱；4—电阻片

的液体空腔，透水元件要有良好的透水性，透水元件的面积与厚度之比应较大，所用的液体应为低黏滞度的硅油。为保持孔压系统的饱和，要求透水元件有高夹气值及低渗透性；但为使孔隙压力有较短的反应时间，又要求透水元件有较高的透水性。为兼顾两者的要求，透水元件的渗透性宜为 $(1\sim5)\times10^{-5}$ cm/s。

目前，我国所用探头性能参数见表 2.30。

表 2.30 我国静力触探探头主要性能参数

参 数	测量锥尖阻力	测量侧壁摩阻力	测量孔隙压力
满量程/MPa	20、30、50	0.5	2.0
非线性及重复性综合误差/%	<1	<1	<1
测量系统	应变片式	应变片式	固态式阻式
桥路电阻/Ω	350	350	1000
激发电压/V	8	8	8
输出/(mV/V)	1.5	1.5	1.5
温度零漂/(%FS/℃)	<0.01	<0.01	<0.01
温度变化/℃	−10~50	−10~50	−10~50
直径/cm	36.0	36.0	
面积/cm²	10	150	
受压面积/%	84	0	100

（2）贯入系统。贯入系统包括触探主机和反力装置两部分。

触探主机将底端装有探头的探杆一根一根地插入到地基中，触探主机要能维持均衡的贯入速率，以液压式为好。国际上采用统一的贯入速率 2cm/s，要求精度

为 (2±0.5)cm/s。

反力装置平衡贯入阻力对贯入装置的反作用，可用地锚、压重、车辆自重提供所需的反力。

(3) 测量记录仪。一般的要求如下：

1) 几个传输信号互不干扰。

2) 有效最小分度值小于 0.06%FS。

3) 预热后，时漂<0.1%FS/h，温漂<0.01%FS/℃。

4) 在−10～50℃环境温度中工作正常。

目前多采用专用测读仪进行数据的采集、存储、传输至计算机进行分析处理，最后绘出各种曲线。

(4) 附属设备。对探头要进行经常性的标定。为保持孔压系统的饱和，在勘查期，每天对孔压静力触探探头抽气饱和，所以使用单位应配备附属设备。

1) 标定装置。标定的目的是测定仪表读数与荷载之间的关系，即标定系数。应分别对锥尖阻力及侧壁摩阻力进行标定。

应按实际使用的探头、电缆与接收仪器进行标定。只有采用同类型号的仪器及电缆进行替换后所引起标定参数的改变量低于10%，方可调换使用。

标定某项传感器时应同时测定其对其他传感器的影响，其影响程度应低于其自身测定值的 0.3%。

每次标定的有效使用期应少于 3 个月，如果使用过程中出现异常，应及时标定。

2) 孔压系统饱和标定装置。装置包括密封容器、真空泵和压加活塞筒三部分。

进行标定时，以调压活塞施加压力；进行饱和时，抽真空（真空度达 70mmHg）运转 10～12h。

此外，为在现场及时更换饱和的透水元件，应事先抽气饱和备用。

3) 标定系数及误差的分析计算。

a. 标定系数：各传感器的荷载 (P) 与仪表输出值 (x) 的关系曲线应是一条通过原点的最佳直线。按式 (2.29) 计算标定系数：

$$K = \sum_{i=1}^{n}(\overline{x}_i P_i)/\left[A\sum_{i=1}^{n}(\overline{x}_i)^2\right] \quad (2.29)$$

$$\overline{x}_i = (x_i^+ + x_i^-)/2$$

式中 K——标定系数；

P_i——第 i 级荷载值，kN；

A——探头的工作面积，cm^2；

$\overline{x}_i$——第 i 级荷载下，仪表的平均输出值；

x_i^+——第 i 级荷载加载后，仪表的平均输出值；

x_i^-——卸至第 i 级荷载时，仪表的平均输出值。

b. 检测误差计算：探头的探测误差统一采用极差值，以满量程输出值的百分数表示。按下列各公式计算探头的各项误差：

非线性误差 $$\delta_1 = \frac{|x_i^\pm - \overline{x}_i|_{\max}}{FS} \times 100\% \quad (2.30)$$

2.12 静力触探试验

重复性误差 $$\delta_r = \frac{(\Delta x_i^{\pm})_{max}}{FS} \times 100\% \quad (2.31)$$

滞后误差 $$\delta_s = \frac{|x_i^+ - x_i^-|_{max}}{FS} \times 100\% \quad (2.32)$$

归零误差 $$\delta_0 = \frac{|x_0|}{FS} \times 100\% \quad (2.33)$$

式中　$x_i^{\pm}$——加荷（或卸荷）至第 i 级荷载时仪表的平均输出值；

　　　$\Delta x_i^{\pm}$——重复加荷（或卸荷）至第 i 级荷载时仪表输出的极差；

　　　x_0——卸荷归零时仪表的平均不归零值；

　　　FS——在额定荷载下仪表的满量程输出值。

3. 试验步骤

(1) 平整试验场地，设置反力装置。将触探主机对准孔位，调平机座，用分度值为 1mm 的水准尺校准，并紧固在反力装置上。

(2) 将已穿入探杆内的传感器引线按要求接到量测仪器上，打开电源开关，预热并调试到正常工作状态。

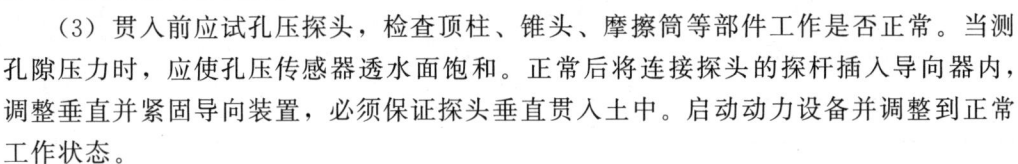

(3) 贯入前应试孔压探头，检查顶柱、锥头、摩擦筒等部件工作是否正常。当测孔隙压力时，应使孔压传感器透水面饱和。正常后将连接探头的探杆插入导向器内，调整垂直并紧固导向装置，必须保证探头垂直贯入土中。启动动力设备并调整到正常工作状态。

资源 2.9
静力触探试验

(4) 采用自动记录仪时，应安装深度转换装置，并检查卷纸机构运转是否正常；采用电阻应变仪或数字测力计时，应设置深度标尺。

(5) 将探头按 (1.2±0.3)m/min 均速贯入土中 0.5～1.0m 处，冬季应超过冻结线，然后稍许提升 5～10cm，使探头传感器处于不受力状态。待探头温度与地温平衡（仪器零位基本稳定）后，将仪器调零或记录初读数，即可进行正常贯入。在深度 6m 内，一般每贯入 1～2m，应提升探头检查温漂并调零；6m 以下每贯入 5～10m 应提升探头检查回零情况，当出现异常时，应检查原因并及时处理。

(6) 贯入过程中，当采用自动记录时，应根据贯入阻力大小合理选用供桥电压，并随时核对，校正深度记录误差，做好记录；使用电阻应变仪或数字测力计时，一般每隔 0.1～0.2m 记录读数 1 次。

(7) 在贯入孔压探头前，应采用抽气饱和等方法确保探头应变腔为已排除气泡的液体所饱和，并在现场采取措施保持探头的饱和状态，直至探头进入地下水水位以下的土层为止，在进行孔压静探过程中应连续贯入，不得中间提升探头。

(8) 当测定孔隙水压力消散时，应在预定的深度或土层停止贯入，立即锁定钻杆并同时启动测量仪器，测定不同时间的孔隙水压力消散值，直至基本稳定，在消散过程中不得碰撞和松动探杆。

(9) 为保证探头孔压系统饱和，在地下水水位以上的部分应预先开孔，注水后再进行贯入。

(10) 当贯入预定深度或出现下列情况之一时，应停止贯入：

1) 触探主机达到额定贯入力，探头阻力达到最大容许压力。

2）反力装置失效。
3）发现探杆弯曲已达到不能容许的程度。

（11）试验结束后应及时起拔探杆，并记录仪器的回零情况。探头拔出后应立即清洗上油，妥善保管，防止探头被曝晒或受冻。

4. 试验记录

静力触探试验记录见表2.31。

表 2.31　　　　　　　　静 力 触 探 试 验 记 录

工程名称_____　　计算者_____
触孔编号_____　　校核者_____
触孔特点_____　　试验日期_____
设计深度_____　　记录编号_____

试验深度 /m	土层名称	比贯入阻力 P_s/MPa	锥尖阻力 q_c/MPa	侧壁摩阻力 f_s/kPa	摩阻比 R_f/%	承载力 σ_0/kPa

成果图：

检测评定依据：　　　　　　　　　　　试验结论：

5. 注意事项

（1）试验点与已有钻孔、触探孔、十字板试验孔等的距离，不宜小于20倍已有的孔径，且不宜小于2m。

（2）试验前应根据试验场地的地质情况，合理选用探头，使其在贯入过程中，仪器的灵敏度较高而又不致损坏。

（3）试验点必须避开地下设施，以免发生意外。

（4）由于人为或设备的故障而使贯入中断 10min 以上时，应及时排除故障。故障处理后，重新贯入前应提升探头，测记零读数。对超深触探孔分两次或多次贯入时，或在钻孔底部进行触探时，在深度衔接点以下的扰动段，其测试数据应舍弃。

（5）应注意安全操作和安全用电。

（6）当使用液压式、电动丝杆式触探主机时，活塞杆、丝杆的行程不得超过上、下限位，以免损坏设备。

（7）采用拧锚机时，应待准备就绪后启动。拧锚过程中如遇障碍，应立即停机处理。

（8）锥尖阻力及侧壁阻力的"采零"应在试验终止时进行，孔压的"采零"应在探头提出地面更换透水元件时进行。

（9）探头测力传感器应连同仪器、电缆进线定期标定，室内探头标定测力传感器的非线性误差、重复性误差、滞后误差、温度漂移、归零等最大允许误差应为 ±1%FS（满量程），现场归零误差应为±3%，绝缘电阻不应小于 500MΩ。

（10）当贯入深度大于 30m，或穿过厚层软土层再贯入硬土层时，应防止孔斜或触探杆断裂，也可配置测斜探头量测触探孔偏斜角，以修正土层界线深度。

6. 试验思考

（1）简述静力触探的工作原理及其成果应用。

（2）影响静力触探试验结果的因素有哪些？

（3）静力触探试验适用于下列哪类土层？（　　）

　A. 碎石土　　　　B. 黏性土　　　　C. 砂土　　　　D. 软土

（4）静力触探试验可以确定哪些性质和指标？（　　）

　A. 土分类　　　　B. 固结系数　　　C. 土层液化　　　D. 土体污染指标

（5）静力触探试验开始前，应先进行的工作是（　　）。

　A. 直接进行贯入试验　　　　　　B. 探头标定

　C. 土层勘察　　　　　　　　　　D. 孔压探头饱和

（6）孔压静力触探测试指标包括（　　）。

　A. 锥头阻力　　　B. 侧壁摩阻力　　C. 孔压　　　　D. 不排水抗剪强度

（7）静力触探测试操作过程，应保证（　　）。

　A. 探杆垂直　　　B. 电缆线垂直　　C. 测试车垂直　　D. 测试车水平

（8）静力触探土层分类通常需要以下哪些指标？（　　）

　A. 锥头阻力　　　B. 侧壁摩阻力　　C. 孔压　　　　D. 电阻率

（9）利用孔压静力触探试验，测试的是哪类固结系数指标？（　　）

　A. 垂直固结系数　　　　　　　　B. 水平固结系数

　C. 平均固结系数　　　　　　　　D. 总固结系数

（10）固结系数测试，以下操作正确的是（　　）。

　A. 以恒定速率 20mm/s 将探杆压入土层，测超静孔压

　B. 以恒定速率 20mm/s 将探杆压入土层，测静孔压

C. 在固结系数测试深度，进行孔压消散测试

D. 以恒定速率 2mm/s 将探杆压入土层，测超静孔压

(11) 下列土层可能产生地基液化的是（　　）。

A. 软光　　B. 砂土　　C. 粉砂　　D. 碎石土

(12) 地基土层发生液化的条件是（　　）。

A. 土层剪切波速大于临界波速

B. 土层深度大于临界深度

C. 土层位于地下水水位以上

D. 土层为砂土

(13) 地基土层判断为污染土层的条件是（　　）。

A. 孔压增大　　　　　　　　B. 锥头阻力增大

C. 等效电阻率偏差率增大　　D. 测摩阻力增大

7. 技能考核项目及标准

技能考核项目及标准见表 2.32。

表 2.32　　　　　　　技能考核项目及标准

技能考核项目	考核内容	分值	考 核 标 准
调试试验仪器设备（10%）	仪器设备的选用、检查及调试	5分	能够准确识别并清点试验所需仪器设备，每漏（错）1项，扣2分
		5分	能够按试验要求选择合适探头，并检查量测仪器的工作状态，每漏（错）1项，扣2分
介绍试验原理（10%）	试验原理说明及注意事项等	5分	能够准确说明试验目的、原理、方法，每漏（错）1项，扣2分
		5分	能够准确说明试验注意事项，每漏（错）1项，扣1分
试验操作（45%）	试验操作步骤规范性及准确性	35分	能够按试验步骤规范熟练操作并得出正确的试验结论，每错一步，扣5分
		10分	能够在规定时间内完成，每超时5min，扣2分
试验数据分析与处理（25%）	数据分析与计算	20分	能够正确处理试验数据，并计算填表，每漏（错）1项，扣5分
		5分	能够绘制成果图。漏掉此项，扣5分
试验思考（10%）	试验相关思考题	10分	能够正确回答思考题，每错1项，扣2分

2.13 平板载荷试验

地基承载力的确定是土力学及基础设计中的基础问题，浅层平板载荷试验是确定地基承载力、变形模量以及基床反力系数最准确的方法。

载荷试验是在现场用一个刚性承压板逐级加荷，测定天然地基或复合地基的变形随荷载的变化情况，借以确定地基承载力的试验。另外，载荷试验也可以用于地基处理效果检测和测定桩的极限承载力。根据承压板的设置深度及特点，载荷试验可分为浅层、深层平板载荷试验和螺旋板载荷试验，其中，浅层平板载荷试验适用于浅层地基，包括各种填土、含碎石的土；螺旋板载荷试验和深层平板载荷试验适用于深层地基或地下水水位以下的土层。本试验仅介绍浅层平板载荷试验。

浅层平板载荷试验是在现场用一定面积的刚性承压板逐级加荷，测定天然埋藏条件下浅层地基变形随荷载而变化的试验，实际上是模拟建筑物地基基础在受荷条件下工程性能的一种现场模型试验。在现场挖一试坑，在试坑底部放置一个刚性承压板，在承压板上逐级施加垂直荷载，直到达到预估的地基极限荷载或满足其他试验终止条件，同时量测各级荷载下地基随时间而发展的沉降量。

1. 试验目的

(1) 确定地基土的比例界限压力、破坏压力，评定地基的承载力。

(2) 确定地基土的变形模量。

(3) 估算地基土的不排水抗剪强度。

(4) 确定地基土基床反力系数。

浅层平板载荷试验适用于地表浅层地基土，包括各种填土、含碎石的土。另外，载荷试验也可以用于地基处理效果检测和测定桩的极限承载力。

2. 试验仪器设备

浅层平板载荷试验的试验设备由加荷系统、反力系统和量测系统三部分组成。

(1) 加荷系统。加荷系统包括承压板和加荷装置，所施加的荷载通过承压板传递给地基土。

承压板一般采用圆形或方形的刚性板，根据试验要求也可采用矩形承压板。对于土的浅层平板载荷试验，承压板的尺寸根据地基土的类型和试验要求有所不同。在工程实践中，可根据试验岩土层状况选用合适的尺寸，一般情况下，可参照下面的经验值选取：对于一般黏性土地基，常用面积为 $0.5m^2$ 的圆形或方形承压板；对于碎石类土，承压板直径（或宽度）应为最大碎石直径的 10~20 倍；对于岩石类土，承压板的面积以 $0.10m^2$ 为宜。

加荷装置总体上可分为重物加荷装置和千斤顶加荷装置。重物加荷装置是将具有已知质量的标准钢锭、钢轨或混凝土块等重物按试验加载计划依次地放置在加载台上，达到对地基土施加分级荷载的目的。千斤顶加荷装置在反力装置的配合下对承压板施加荷载，根据使用的千斤顶类型，分为机械式千斤顶加荷装置或油压式千斤顶加荷装置；根据使用千斤顶数量的不同，分为单个千斤顶加荷装置和多个千斤顶加荷装置。

经过标定的带有油压表的千斤顶可以直接读取施加荷载的大小，如果采用不带油压表的千斤顶或机械式千斤顶，则需要配置应力计进行标定。

(2) 反力系统。载荷试验的反力可以由重物、地锚或地锚与重物共同提供，由地锚（或重物）和梁架组合成稳定的反力系统详见图 2.26。

(3) 量测系统。位移量测系统包括基准梁和位移量测元件。基准梁的支撑应离承压板和地锚（如果采用地锚提供反力）一定的距离，以避免地表变形对基准梁的影响。位移测量元件可以采用百分表或位移传感器。

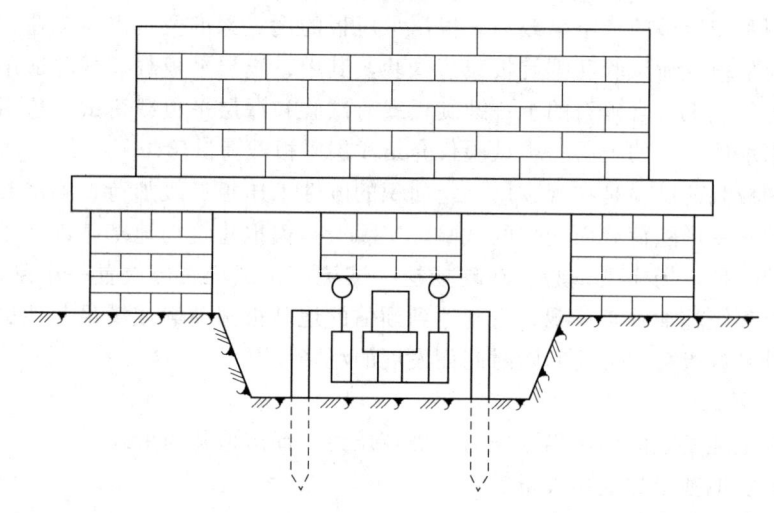

图 2.26 载荷试验反力系统示意图

3. 试验原理

由典型的平板载荷试验得到的压力-沉降量曲线（$p-s$ 曲线）可以分为三个阶段，如图 2.27 所示。

(1) 直线变形阶段：当压力小于比例极限压力 p_0 时，$p-s$ 成直线。

(2) 剪切变形阶段：当压力大于 p_0 而小于极限压力 p_u 时，$p-s$ 关系由直线变为曲线。

(3) 破坏阶段：当压力大于极限压力 p_u 时，沉降急剧增大。

试验研究表明，载荷试验所得到的压力 p 与相应的土体沉降量 s 的关系曲线（即 $p-s$ 曲线）直接反映土体所处的应力状态。在直线变形阶段，受荷土体中任意点产生的剪应力小于土体的抗剪强度；土的变形主要由土中孔隙的减少引起，主要是竖向压缩，并随时间的增长逐渐趋于稳定。

在剪切变形阶段，$p-s$ 关系曲线的斜率随压力 p 的增大而增大，土体除了竖向压缩之外，在承压板的边缘已有小范围内土体

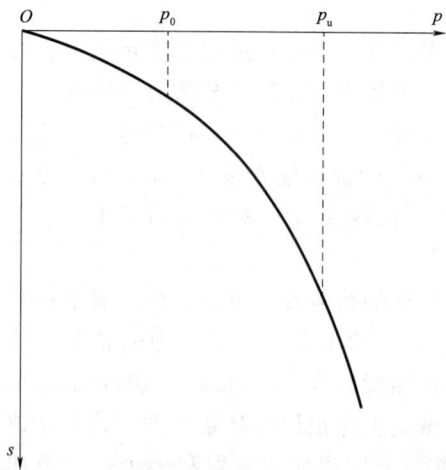

图 2.27 平板载荷试验 $p-s$ 曲线

2.13 平板载荷试验

承受的剪应力达到了或超过了土的抗剪强度,并开始向周围土体发展,该阶段土体的变形由土体的竖向压缩和土粒的剪切变位同时引起。

在破坏阶段,即便压力不再增加,承压板仍不断下沉,土体内部形成连续的滑动,承压板周围土体发生隆起及产生环状或放射状裂隙,此时,滑动土体内各点的剪应力均达到或超过土体的抗剪强度。

4. 试验步骤

(1) 在有代表性的地点,整平场地,开挖试坑。浅层平板载荷试验的试坑宽度不应小于承压板直径或宽度的3倍。

(2) 设备安装。安放载荷台架或加荷千斤顶反力构架,其中心应与承压板中心一致。安装沉降观测装置。其固定点应设在不受变形影响的位置处。沉降观测点应对称设置。

资源2.10 平板载荷试验

(3) 加荷操作。加荷等级一般分10~12级,并不小于8级。最大加载量不应小于地基承载力设计值的2倍,荷载量测最大允许误差应为±1%FS。

(4) 稳压操作。每级荷载下都必须保持稳压,由于加压后地基沉降、设备变形和地锚受力拔起等,都会引起荷载的减小,必须及时观察测力计百分表指针的变动,并通过千斤顶不断地补压,使荷载保持相对稳定。

(5) 沉降观测。采用慢速法时,对于土体,每级荷载施加后,间隔5min、5min、10min、10min、15min、15min测读一次沉降量,以后间隔30min测读一次沉降量,当连续2h每小时沉降量不大于0.1mm时,认为沉降已达到相对稳定标准,施加下一级荷载。

当出现下列情况之一时,可认为已达破坏阶段,并可终止试验。

1) 承载板周边的土出现明显侧向挤出,或出现明显隆起,或径向裂缝持续发展。

2) 本级荷载的沉降量大于前级荷载沉降量的5倍;荷载与沉降量关系曲线出现明显下降。

3) 在某级荷载下,24h沉降速率不能达到相对稳定标准。

4) 总沉降量与承载板直径(或边长)之比超过0.06。

5) 当达不到极限荷载时,最大压力应达预期设计压力的2.0倍或超过第一拐点至少三级荷载。

(6) 试验观测与记录。在试验过程中,必须始终按规定将观测数据记录在载荷试验记录表中。试验记录是载荷试验最重要的第一手资料,必须正确记录,并严格校对。

5. 成果整理

载荷试验最重要的原始试验记录是载荷试验沉降观测记录表,不仅记录沉降量,还记录了荷载等级和其他与载荷试验相关的信息,如承压板尺寸、荷载点试验深度等。

静力载荷试验资料整理分以下几个步骤:

(1) 绘制 $p-s$ 曲线。根据载荷试验沉降观测原始记录,将 (p,s) 点绘在厘米坐标纸上。

(2) $p-s$ 曲线的修正。如果原始 $p-s$ 曲线的直线段延长线不通过原点 $(0,0)$,

则需对 p-s 曲线进行修正。

可采用两种方法进行修正。一种方法是图解法。先以一般坐标纸绘制 p-s 曲线，如果开始的一些观测点 (p, s) 基本上在一条直线上，则可直接用图解法进行修正。即将曲线上的各点同时沿 s 坐标平移 s。使 p-s 曲线的直线段通过原点。另一种方法是最小二乘修正法。已知 p-s 曲线开始一段近似为一直线（p-s 曲线具有明显的直线段和拐点），可用最小二乘法求出最佳回归直线。

(3) 绘制 s-$\lg t$ 曲线。在单对数坐标纸上绘制每级荷载下的 s-$\lg t$ 曲线。同时需要标明每根曲线的荷载等级，荷载单位为 kPa。

(4) 绘制 $\lg p$-$\lg s$ 曲线。在双对数坐标纸上绘制 $\lg p$-$\lg s$ 曲线，注意标明坐标名称和单位。

(5) 成果应用。

1) 确定地基的承载力。在资料整理的基础上，应根据 p-s 曲线拐点，必要时，结合 s-$\lg t$ 曲线的特征，确定比例界限压力和极限压力。但 p-s 关系呈缓变曲线时，可取对应于某一相对沉降值（即 s/d）的压力评定地基的承载力。

a. 拐点法。如果拐点明显，直接从 p-s 曲线上确定拐点作为比例界限，并取该比例界限所对应的荷载值作为地基承载力特征值。

b. 极限荷载法。先确定极限荷载，当极限荷载小于对应的比例界限的荷载值的 2 倍时，取极限荷载的一半作为地基承载力特征值。

c. 相对沉降法。当按上述两种方法不能或不易确定地基承载力时，在 p-s 曲线上取 s/d 为一定值所对应的荷载为地基承载力特征值。当承压板面积为 $0.25\sim0.50\text{m}^2$ 时，可取 $s/d=0.01\sim0.015$ 所对应的荷载作为地基承载力特征值，但其值不应大于最大加载量的一半。

2) 确定地基的变形模量。

$$E_0 = 0.785(1-\mu^2)D_c \frac{p}{s} \quad （承压板为圆形） \qquad (2.34)$$

$$E_0 = 0.886(1-\mu^2)a_c \frac{p}{s} \quad （承压板为方形） \qquad (2.35)$$

式中　E_0——试验土层的变形模量，kPa；

μ——土的泊松比（碎石取 0.27，砂土取 0.30，粉土取 0.35，粉质黏土取 0.38，黏土取 0.42）；

D_c——承压板的直径，cm；

p——单位压力，kPa；

s——对应于施加压力的沉降量，cm；

a_c——承压板的边长，cm。

3) 确定地基的基床反力系数。依据平板载荷试验 p-s 曲线直线段的斜率，可以确定载荷试验基床反力系数 K_v。当采用边长为 30cm 的方形承压板进行平板载荷试验时，可据下式确定 K_v：

2.13 平板载荷试验

$$K_\mathrm{v} = \frac{p}{s} \tag{2.36}$$

如果 p-s 曲线初始无直线段，则 p 可取极限压力之半，s 为相应于该 p 值的沉降量。

将通过载荷试验求得的基床反力系数 K_v，按下式换算成基准基床反力系数 K_v1。

对于黏性土 $$K_\mathrm{v1} = 3.28b K_\mathrm{v} \tag{2.37}$$

对于砂土 $$K_\mathrm{v1} = \frac{4b^2}{b+0.305} K_\mathrm{v} \tag{2.38}$$

式中 b——承压板的直径或边长。

由基准基床反力系数 K_v1，按下式求得地基的基床反力系数 K_s：

对于黏性土 $$K_\mathrm{s} = \frac{0.305}{B_\mathrm{f}} K_\mathrm{v1} \tag{2.39}$$

对于砂土 $$K_\mathrm{s} = \frac{B_\mathrm{f}+0.305^2}{2B_\mathrm{f}} K_\mathrm{v1} \tag{2.40}$$

式中 B_f——基础宽度。

4) 平板载荷试验的其他应用，如评价地基不排水抗剪强度，预估地基最终沉降量和检验地基处理效果是否达到地基承载力的设计值。

6. 注意事项

(1) 仪器安装一定要仔细，千斤顶、测力计、承压板等一定要在一条轴线上。

(2) 加压时一定要均匀，避免用力过猛。加压过程中要随时观察，注意有无倾斜过大、地锚拔出等现象。

(3) 不要超负荷加压，以免损坏仪器。有问题应及时找指导老师解决。

(4) 注意试验过程中的安全。

7. 知识拓展

在党的二十大报告中指出："坚持制度治党、依规治党，以党章为根本，以民主集中制为核心，完善党内法规制度体系，增强党内法规权威性和执行力，形成坚持真理、修正错误、发现问题、纠正偏差的机制。"地基承载力的确定关系着整个工程的安全，其重要性不言而喻。学生在进行平板载荷试验时，一定要严谨认真，p-s 曲线的修正须严格参照规范，不可有丝毫偏差。

8. 试验思考

(1) 简述载荷试验在工程应用中的意义。

(2) 简述判别载荷试验结束的标准。

(3) 什么是地基承载力？

(4) 地基承载力的确定与建筑物的允许沉降量有什么关系？与基础大小、埋置深度有什么关系？

9. 技能考核项目及标准

技能考核项目及标准见表 2.33。

表 2.33　　　　　　　　　　　　　技能考核项目及标准

技能考核项目	考核内容	分值	考 核 标 准
选择并安装试验仪器设备（10%）	1. 选择试验所需的所有仪器设备	3分	能够准确识别并清点试验所需仪器设备，每漏（错）1项，扣1分
	2. 安装试验设备	7分	能够按试验要求安装设备，成功方可得分
介绍试验原理（10%）	试验原理说明及注意事项等	8分	能够准确说明试验目的、原理、方法，每漏（错）1项，扣2分
		2分	能够准确说明试验注意事项，每漏（错）1项，扣1分
试验操作（45%）	试验操作步骤规范性及准确性	15分	能够正确加荷，每错一步，扣2分
		20分	能够保持稳压，并准确测读沉降量，每错一步，扣5分
		10分	能够在规定时间内完成，每超时5min，扣2分
试验数据分析与处理（30%）	数据分析与计算	15分	能够正确处理试验数据，并绘制修正 $p-s$、$s-\lg t$、$\lg p-\lg s$ 曲线，每漏（错）1项，扣3分
		15分	能够结合曲线确定地基承载力、变形模量、基床反力系数，每漏（错）1项，扣5分
试验思考（5%）	试验相关思考题	5分	能够正确回答思考题，每错1项，扣2分

2.14 旁 压 试 验

旁压试验是工程地质勘察中的一种原位测试方法,在1930年前后由德国工程师Kogler发明,也称横压试验。旁压试验几十年来在国内外岩土工程中得到迅速发展并逐渐成熟,其试验方法简单、灵活、方便、准确。旁压试验适用于黏性土、粉土、砂土、碎石土、极软岩和软岩等地层。

本试验方法为预钻式旁压试验。预钻式旁压仪需要预先成孔,常用于成孔性能较好的地层,其操作、使用方便,不受任何条件限制。

1. 试验目的

(1) 说明旁压仪的使用方法。

(2) 能够绘制旁压曲线。

2. 试验仪器设备

旁压仪由旁压器、变形测量系统和加压稳定装置等部分组成。现以预钻式旁压仪(图2.28)为例介绍如下。

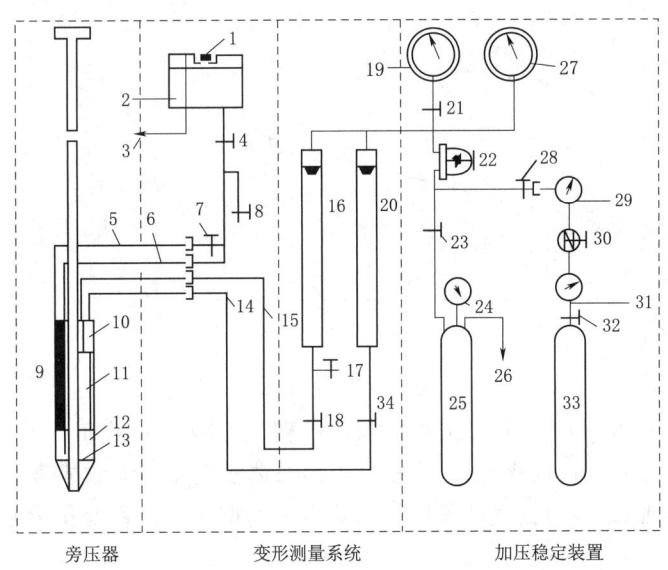

图2.28 预钻式旁压仪结构

1—安全阀;2—水箱;3—水箱加压;4—注水阀;5、6—注水管;7—中腔注水阀;8—排水阀;9—旁压器;10—上腔;11—中腔;12—下腔;13—导水管;14、15—导压管;16—量管;17—调零阀;18—测压阀;19—600kPa压力表;20—辅管;21—低压表阀;22—调压器;23—手动加压阀;24—2500kPa压力表;25—贮气罐;26—手动加压;27—1600kPa压力表;28—氮气加压阀;29—2500kPa压力表;30—减压阀;31—25000kPa压力表;32—氮气源阀;33—高压氮气源;34—辅管阀

(1) 旁压器。旁压器骨架为圆柱形,内部为中空的优质铜管,外层为特殊的弹性膜。根据试验土层的情况,旁压器外径上可以方便地安装橡胶保护套或金属保护套(金属铠),以保护弹性膜不直接与土层中的锋利物接触,延长弹性膜的使用寿命。

旁压器中腔为测试腔，上、下腔为辅助腔。上、下腔之间由铜管相连，而与中腔隔离。

（2）变形测量系统。变形测量系统一般由量管及铺管组成，用于向旁压器注水、加荷，并测量、记录旁压器受压时的径向位移，即土体变形。

（3）加压稳定装置。加压稳定装置由高压储气瓶、精密调压阀、压力表及管路等组成，用来在试验中向土体分级加压，并在试验规定的时间内自动精确稳定各级压力。

3. 试验原理

通过旁压器，在竖直的孔内使旁压膜膨胀，并由该膜（或护套）将压力传给周围土体，使土体产生变形直至破坏，从而得到压力与扩张体积（或径向位移）之间的关系，根据这种关系对地基土的承载力（强度）、变形性质等进行评价。

典型的旁压曲线（压力 P -体积变化量 V 曲线，如图 2.29 所示）可分为三段。

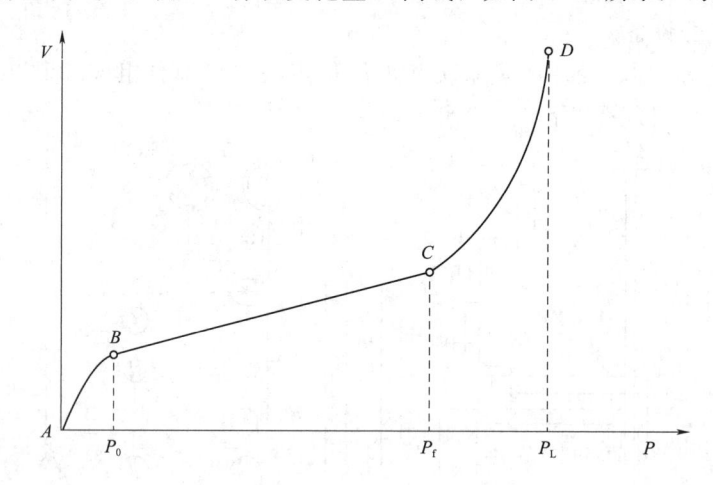

图 2.29 典型旁压曲线

（1）Ⅰ段（曲线 AB）：初步阶段，反映孔壁受扰动，土压缩。

（2）Ⅱ段（直线 BC）：线弹性阶段，压力与体积变化量大致成直线关系。

（3）Ⅲ段（曲线 CD）：塑性阶段，随着压力的增大，体积变化量逐渐增加，最后急剧增大，达到破坏。

Ⅰ—Ⅱ段的界限压力相当于初始水平压力 P_0，Ⅱ—Ⅲ段的界限压力相当于临塑压力 P_f，Ⅲ段末尾渐近线的压力为极限压力 P_L。

依据旁压曲线 BC 段的斜率，由圆柱扩张轴对称平面应变的弹性理论解，可得旁压模量 E_M 和旁压剪切模量 G_M。

$$E_M = 2(1+\mu)\left(V_C + \frac{V_0 + V_f}{2}\right)\frac{\Delta P}{\Delta V} \tag{2.41}$$

$$G_M = \left(V_C + \frac{V_0 + V_f}{2}\right)\frac{\Delta P}{\Delta V} \tag{2.42}$$

式中 μ——土的泊松比；

V_C——旁压器的固有体积；

V_0——与 P_0 对应的体积；

V_f——与 P_f 对应的体积；

$\dfrac{\Delta P}{\Delta V}$——旁压曲线直线段的斜率。

4. 试验方法

预钻式旁压试验是事先在土层中预钻一竖直钻孔，再将旁压器下到孔内试验深度（标高）处进行旁压试验，试验的结果很大程度上取决于成孔的质量。

5. 试验步骤

（1）试验前准备工作。使用前，必须熟悉仪器的基本原理、管路图和各阀门的作用，并按下列步骤做好准备工作：

1）向水箱注满蒸馏水或干净的冷开水，打开水箱安全盖。

2）检查并连通管路，把旁压器的注水管和导压管的快速接头对号插入。

3）注水。打开高压气瓶阀门并调节其上减压阀，使其输出压力为 0.15MPa 左右。将旁压器竖直放于地面，打开水箱至量管、辅管各管阀门，使水从水箱分别注入旁压器各个腔室，并返回到量管和辅管。在此过程中需不停地拍打尼龙管并摇晃旁压器，以便尽量排除旁压器和管路中滞留的气泡。为了加速注水和排除气泡，亦可向水箱稍加压力。当量管和辅管水位升到刻度零处或稍高于刻度零处，即可终止注水，关闭注水阀和中腔注水阀。

4）调零。把旁压器垂直提高，使其中腔的中点与量管零位相齐平，打开调零阀，并密切注意水位的变化，当水位下降到零时，立即关闭调零阀、量管阀和辅管阀，然后放下旁压器。

5）检查传感器和记录仪的连接等是否处于正常工况，并设置好试验时间标准。

（2）仪器校正。试验前，应对仪器进行弹性膜（包括保护套）约束力校正和仪器综合变形校正，具体项目按下列情况确定：

1）旁压器首次使用或有较长时间不用，两项校正均需进行。

2）更换弹性膜（或保护套）需进行弹性膜约束力校正。为提高压力精度，弹性膜经过多次试验后，应进行弹性膜复校试验。

3）加长或缩短导压管时，需进行仪器综合变形校正试验。

弹性膜约束力校正方法如下。将旁压器竖立地面，按试验加压步骤适当加压（0.05MPa 左右即可），使其自由膨胀。先加压，当量管水位降至近 36cm 时，退压至零，如此反复 5 次以上，再进行正式校正，其具体操作、观测时间等均按正式试验的要求。压力增量采用 10kPa，按 1min 的相对稳定时间测记压力及水位下降值，并据此绘制弹性膜约束力校正曲线图。

仪器综合变形校正方法如下。连接好合适长度的导压管，注水至要求高度后，将旁压器放入校正筒内，在旁压器受到刚性限制的状态下进行校正试验。按试验加压步骤对旁压器加压，压力增量为 100kPa，逐级加压至 800kPa 以上后，终止校正试验。

压力、位移传感器在出厂时均已与记录仪一起配套标定，如更换其中之一或发现有异常情况，应进行传感器的重新标定。

（3）预钻成孔。针对不同性质的土层及深度，可选用与其相应的提土器或与其相适应的钻机钻头。例如，对于软塑～流塑状态的土层，宜选用提土器；对于坚硬～可塑状态的土层，可采用勺型钻；对于钻孔孔壁稳定性差的土层，可采用泥浆护壁钻进。

孔径根据土层情况和选用的旁压器外径确定，一般要求比所用旁压器外径大 2～3mm 为宜，不允许过大。

旁压试验的可靠性关键在于成孔质量的好坏，钻孔直径与旁压器的直径相适应，孔径太小，放入旁压器困难，或扰动土体；孔径太大，会因旁压器体积容量的限制而过早结束试验。预钻成孔的孔壁要求垂直、光滑，孔壁圆整，并减少对土体的扰动，保持孔壁土层的天然含水率。各种旁压曲线见图 2.30。

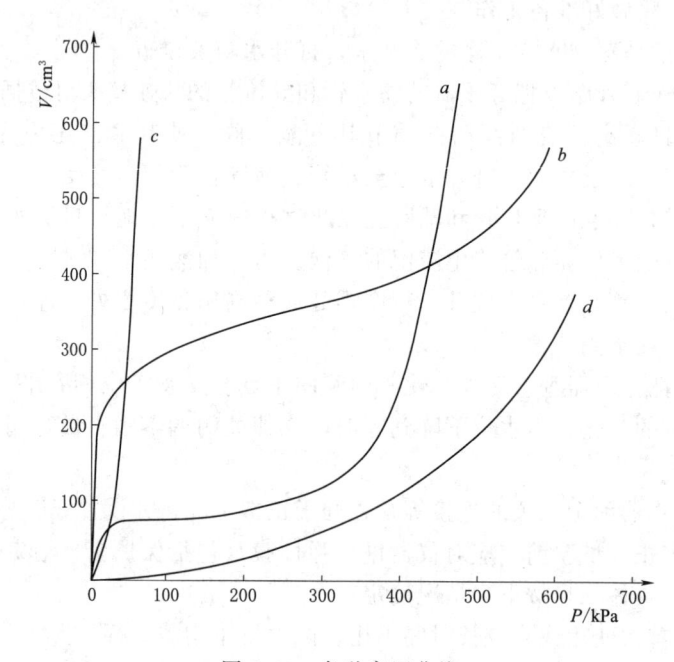

图 2.30　各种旁压曲线

从图 2.30 可以看出：a 线为正常的旁压曲线；b 线反映孔壁严重扰动，因旁压器体积容量不够而迫使试验终止；c 线反映孔径太大，旁压器的膨胀量有相当一部分消耗在空穴体积上，试验无法进行；d 线系钻孔直径太小，或有缩孔现象，试验前孔壁已受到挤压，故曲线没有前段。

值得注意的是，试验必须在同一土层；否则，不但试验资料难以应用，且当上、下两种土层差异过大时，会造成试验中旁压器弹性膜的破裂，导致试验失败。另外，钻孔中取过土样或进行过标贯试验的孔段，由于土体已经受到不同程度的扰动，不宜进行旁压试验。

（4）试验。成孔后，应尽快进行试验。将旁压器放入钻孔中预定的试验深度，其深度以中腔中点为准。打开量管阀和辅管阀施加压力。压力增量等级和相对稳定时间（观察时间）标准可根据现场情况及有关旁压试验规程选取。其中，压力增量建议选取预估临塑压力 P_f 的 1/7～1/5；如不易预估，也可参考表 2.34 确定。

表 2.34 压力增量建议值

土的工程特征	加压等级	
	临塑压力前/kPa	临塑压力后/kPa
淤泥、淤泥质土、流塑状态的黏质土、饱和或松散的粉细砂等	<15	≤30
软塑状的黏质土，疏松的黄土，稍密很湿的粉细砂，稍密的中、粗砂	15～25	30～50
可塑～硬塑状态的黏质土，一般黄土，中密～密实、很湿的粉细砂，稍密～中密的中、粗砂	25～50	50～100
坚硬状态的黏质土，密实的中、粗砂	50～100	100～200
中密～密实的碎石类土	≥100	≥200

各级压力下的观测时间，可根据土的特征等具体情况，采用1min或3min，按下列时间顺序测记量管的水位下降值。

1）观测时间为1min时：15s、30s、60s。
2）观测时间为3min时：60s、120s、180s。

当量管水位下降接近40cm或水位急剧下降无法稳定时，应立即终止试验，以防弹性膜胀破。

试验结束后，采取以下方法使弹性膜恢复原状：

1）试验深度小于2m时，把调压器按逆时针方向拧到最松位置，即与大气相通，利用弹性膜的约束力回水至量管和辅管，当水位接近零时，即可关闭量管阀和辅管阀。

2）试验深度大于2m时，打开水箱安全盖，再打开注水阀和中腔注水阀，利用试验压力使旁压器回水至水箱。

3）当需排净旁压器内的水时，可打开排水阀和中腔注水阀，利用试验压力排净旁压器内的水。

4）也可引用真空泵吸回水。

终止试验消压后，必须等2～3min，才能取出旁压器，并仔细检查、擦洗、装箱。

6．成果整理

（1）试验资料整理。在整理试验资料时，应分别对各级压力和相应的扩张体积（或径向增量）进行约束力和体积变化量校正。

按下式进行约束力校正：

$$P = P_m + P_\omega - P_i \qquad (2.43)$$
$$P_\omega = \gamma_\omega (H + Z) \qquad (2.44)$$

式中 P——校正后的压力，kPa；

P_m——压力表读数，kPa；

P_ω——静水压力，kPa；

H——量管原始零位水面至试验孔口高度，m；

Z——旁压试验深度，m；

γ_ω——水的重力密度，kN/m³，一般可取10kN/m³；

P_i——弹性膜约束力,kPa,根据各级总压力(P_m+P_ω)所对应的量管水位下降值,由弹性膜约束力校正曲线查得。

(2) 体积变化量校正。

$$V = H_x A \tag{2.45}$$

$$H_x = H_m - \alpha(P_m + P_\omega) \tag{2.46}$$

式中　V——校正后体积变化量,cm³;

H_x——校正后的量管水位下降值,cm;

A——量管截面积,cm²;

H_m——量管水位下降值,cm;

α——仪器综合变形校正系数,cm/kPa,由仪器综合变形校正曲线查得。

(3) 绘制旁压曲线。用校正后的压力 P 和校正后的体积变化量 V,绘制 P-V 曲线,即旁压曲线。选用厘米格记录纸,以 V(cm³) 为纵坐标,1cm 代表体变量 100cm³;以 P(kPa) 为横坐标,比例可以自行选定。

(4) 试验成果分析。旁压试验可以用于确定土的临塑压力 P_f,以评定地基的承载力;确定静止土压力系数 K_0;确定土的旁压模量 E_M 和旁压剪切模量 G_M,用以估算土的压缩模量 E_s 和变形模量 E_0;估算软黏土不排水抗剪强度以及估算地基土强度、单桩承载力和基础沉降量等。

(5) 试验成果应用。

1) 确定承载力标准值 f_k。

$$f_k = P_f - P_0 \tag{2.47}$$

式中　P_0——原位侧向压力,kPa。

P_0 可根据地区经验,通过式 (2.51) 采用计算法确定,也可采用作图法确定。

$$P_0 = K_0 \gamma Z + u \tag{2.48}$$

式中　K_0——试验深度处静止土压力系数,其值按地区经验确定,对于正常固结和轻度超固结的土体,可按以下原则取值:砂土和粉土取 0.5,可塑~坚硬状态黏性土取 0.6,软塑黏性土、淤泥和淤泥质土取 0.7;

γ——试验深度以上的重力密度,为土自然状态下的质量密度 ρ 与重力加速度 g 的乘积,地下水水位以下取有效重力密度,kN/m³;

u——试验深度处的孔隙水压力,kPa。

在地下水水位以上时,$u=0$,在地下水水位以下时,可由下式确定:

$$u = \gamma_\omega (Z - h_\omega) \tag{2.49}$$

式中　h_ω——地下水水位的深度,m。

2) 按式 (2.41) 计算地基土的旁压模量 E_M(MPa)。

3) 地基土的压缩模量 E_s、变形模量 E_0 以及其他土力学指标可由地区经验公式确定。例如,铁路工程地基土旁压测试技术规程编制组通过与平板载荷试验对比,得出如下估算地基土变形模量的经验关系式:

黄土　　　　　　　　$E_0 = 3.723 + 0.00532 G_m$ (2.50)

一般黏性土　　　　　$E_0 = 1.836 + 0.00286 G_m$ (2.51)

2.14 旁压试验

硬黏土 $\quad E_0 = 1.026 + 0.00480 G_m \quad (2.52)$

另外，通过与室内试验成果对比，建立起了估算地基土压缩模量的经验关系式：

黄土 $\quad E_s = \begin{cases} 1.797 + 0.00173 G_m & (h \leqslant 3m) \quad (2.53) \\ 1.485 + 0.00143 G_m & (h > 3m) \quad (2.54) \end{cases}$

式中 h——土层深度，m。

黏性土 $\quad E_0 = 2.092 + 0.00252 G_m \quad (2.55)$

4）估算土的侧向基床系数 K_m。根据旁压试验确定的 P_0 和 P_f，采用下式估算地基土的侧向基床系数 K_m：

$$K_m = \frac{\Delta P}{\Delta R} \quad (2.56)$$

$$\Delta P = P_f - P_0$$
$$\Delta R = R_f - R_0$$

式中 R_f、R_0——对应于临塑压力与初始水平压力的旁压器径向位移。

7. 注意事项

（1）土工试验技术较复杂，从事土动力学试验工作的人员应接受专门的技术培训。

（2）试验过程中要注意安全。

8. 试验思考

（1）旁压曲线可分为哪几个阶段？

（2）终止旁压试验的标准是什么？

（3）旁压试验预钻成孔有哪些要求？

9. 技能考核项目及标准

技能考核项目及标准见表2.35。

表 2.35　　　　　　　　　　技能考核项目及标准

技能考核项目	考核内容	分值	考核标准
试验仪器设备检查与校正（15%）	1. 试验所需仪器设备各部件名称及原理	5分	能够准确识别并清点仪器设备的各组成部分，每漏（错）1项，扣1分
	2. 仪器校正	10分	能够按试验要求对仪器就行校正，约束力校正和变形校正成功各得5分，成功方可得分
介绍试验原理（10%）	试验原理说明及注意事项等	10分	能够准确说明试验目的、原理、方法，每漏（错）1项，扣2分
试验操作（50%）	试验操作步骤规范性及准确性	10分	能够预钻成孔，每错一步，扣2分
		30分	能够正确施压并做好观测记录，每错一步，扣5分
		10分	能够在规定时间内完成，每超时5min，扣2分
试验数据分析与处理（20%）	数据分析与计算	12分	能够正确处理试验数据，并绘制旁压曲线，每漏（错）1项，扣2分
		8分	能够确定承载力标准值、旁压模量、压缩模量及侧向基床系数。每错一步，扣2分
试验思考（5%）	试验相关思考题	5分	能够正确回答思考题，每错1项，扣2分

2.15 标准贯入试验

1. 试验目的

标准贯入试验（standard penetration test，SPT）是使质量为63.5kg的重锤按照规定的落距（76cm）自由下落，将标准规格的贯入器打入土层，根据贯入器贯入一定深度的锤击数来判定土层的性质，简称标贯。它适用于砂土、粉土、一般黏性土、风化岩及冰碛土。

标准贯入试验的目的是用测得的标准贯入击数N判断砂土的密实度、黏性土和粉土的稠度；估算土的强度与变形指标，确定地基土的承载力，评定砂土、粉土的振动液化及估计单桩极限承载力及沉桩可能性；划分土层类别，确定土层剖面和取扰动土试样进行一般物理性试验，用于岩土工程地基加固处理设计及效果检验。

2. 试验仪器设备

标准贯入试验仪器设备包括标准贯入器、穿心锤和钻杆等，见图2.31。

（1）标准贯入器：由贯入器靴、贯入器身和贯入器头三部分组成，其机械要求和材料要求应符合《岩土工程仪器基本参数及通用技术条件》（GB/T 15406—2007）和《土工试验仪器 贯入仪》（GB/T 12746—2007）的规定。

（2）穿心锤：质量为63.5kg±0.5kg，中间有一直径45mm的穿心孔，此孔放导向杆用。应配有自动落锤装置，落距为76cm±2cm。

（3）钻杆：国际上多用直径为40~50mm的无缝钢管，我国则常用直径为42mm的工程地质钻杆。抗拉强度应大于600MPa，轴线的直线度最大允许误差应为±0.1%。

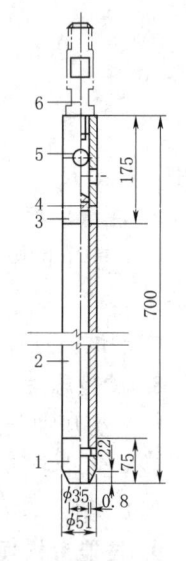

图2.31 标准贯入器结构图（单位：mm）
1—贯入器靴；2—贯入器身；3—贯入器头；4—钢球；5—排水孔；6—钻杆接头

3. 试验原理

标准贯入试验是利用一定的落锤能量将标准规格的贯入器贯入土中，根据打入土中30cm的锤击数（标准贯入击数N）来判别土的工程性质的一种现场测试方法。砂土和碎石土密实度划分依据见表2.36。

表2.36　　　　　　　　　　砂土和碎石土密实度的划分

密实度	松散	稍密	中密	密实
按N评定砂土的密实度	$N \leqslant 10$	$10 < N \leqslant 15$	$15 < N \leqslant 30$	$N > 30$
按$N_{63.5}$评定碎石土的密实度	$N_{63.5} \leqslant 5$	$5 < N_{63.5} \leqslant 10$	$10 < N_{63.5} \leqslant 20$	$N_{63.5} > 20$

注　1. N为未经过杆长修正的数值。
　　2. $N_{63.5}$为重型动力触探锤击数，是经综合修正后的平均值，适用于平均粒径小于或等于50mm且最大粒径不超过100mm的卵石、碎石、砾石。

2.15 标准贯入试验

4. 试验步骤

(1) 先用钻具钻至试验土层标高以上 15cm 处，清除残土。清孔时，应避免试验土层受到扰动。当在地下水水位以下的土层中进行试验时，应使孔内水位保持高于地下水水位，以免出现涌砂和塌孔；必要时，应下套管或用泥浆护壁。

(2) 贯入前应拧紧钻杆接头，将贯入器放入孔内，要避免冲击孔底，注意保持贯入器、钻杆、导向杆连接后的垂直度。孔口宜加导向器，以保证穿心锤中心施力。贯入器放入孔内后，应测定贯入器所在深度，要求残土厚度不大于 10cm。

(3) 将贯入器以每分钟击打 15~30 击的频率，先打入土中 15cm，不计锤击数；然后开始记录每打入 10cm 的锤击数 N_i 及累计 30cm 的锤击数 N，并记录贯入深度与试验情况。若遇密实土层，锤击数超过 50 击而贯入深度尚未达到 30cm 时，不应强行打入，记录 50 击的贯入深度，将其换算或相应于贯入 30cm 的锤击数 N_{30}。

(4) 旋转钻杆，然后提出贯入器，取贯入器中的土样进行鉴别、记录，并测量其长度。将需要保存的土样仔细包装、编号，以备试验之用。

(5) 重复步骤 (1)~(4)，进行下一深度的标准贯入测试，直至所需深度。一般每隔 1~2m 进行一次试验。

5. 成果整理

(1) 相应于贯入 30cm 的锤击数 N_{30} 应按下式换算：

$$N_{30}=\frac{0.3N_0}{\Delta S} \tag{2.57}$$

式中 N_0——所选取贯入的锤击数；

ΔS——对应锤击数 N_0 的贯入深度，m。

标准贯入试验记录见表 2.37。

表 2.37 标准贯入试验记录表

任务单号		试验者	
钻孔编号		计算者	
孔口标高		校核者	
地下水水位		试验日期	
仪器名称及编号		试验环境	
钻孔孔径		钻进方式	
护孔方式		落锤方式	

孔内水位（或泥浆高程）

序号	浮土厚度/cm	试验深度/m	贯入深度/cm	锤击数	描述

续表

序号	浮土厚度/cm	试验深度/m	贯入深度/cm	锤击数	描述

(2) 以深度标高为纵坐标，以锤击数为横坐标，绘制 N_i 和贯入深度标高 H 的关系曲线。

6. 注意事项

(1) 须保持孔内水位高出地下水水位一定高度，以免塌孔，保持孔底土处于平衡状态，不使孔底发生涌砂变松，影响 N 值。

(2) 下套管不要超过试验标高。

(3) 须缓慢地下放钻具，避免孔底土的扰动。

(4) 细心清除孔底浮土，孔底浮土应尽量少，其厚度不得大于 10cm。

(5) 如钻进中需取样，则不应在锤击法取样后立刻做标贯，而应在继续钻进一定深度（可根据土层软硬程度而定）后再做标贯，以免人为增大 N 值。

(6) 钻孔直径不宜过大，以免加大锤击时探杆的晃动；钻孔直径过大时，可减小 N 至 50%，建议钻孔直径上限为 100mm，以免影响 N 值。

7. 试验思考

(1) 标准贯入试验的适用范围是什么？

(2) 在进行标准贯入试验时，如何确定试验击数？

(3) 标准贯入试验的结果可以用来评价哪些方面的土壤特性？

(4) 在进行标准贯入试验时，有哪些因素可能会影响试验结果的准确性？

8. 技能考核项目及标准

技能考核项目及标准见表 2.38。

2.15 标准贯入试验

表 2.38　　　　　　　　　　　　技能考核项目及标准

技能考核项目	考核内容	分值	考 核 标 准
选择试验仪器设备（5%）	选定贯入器规格	5分	能够准确识别并安装试验所需仪器，每漏（错）1项，扣2分
介绍试验原理（10%）	试验原理说明及注意事项等	5分	能够准确说明试验目的、原理、方法，每漏（错）1项，扣2分
		5分	能够准确说明试验注意事项，每漏（错）1项，扣1分
试验操作（60%）	试验操作步骤规范性及准确性	10分	能够进行仪器调整并正确使用操作，每错一步，扣2分
		40分	能够按试验步骤规范熟练操作并得出正确的试验结论，每错一步，扣5分
		10分	能够在规定时间内完成，每超时5min，扣2分
试验数据分析与处理（20%）	数据分析与计算	15分	能够正确处理试验数据，并填表计算、制图，每漏（错）1项，扣5分
		5分	能够核实数据是否在允许误差范围内。漏掉此项，扣5分
试验思考（5%）	试验相关思考题	5分	能够正确回答思考题，每错1项，扣2分

2.16 冻土含水率试验

1. 试验目的

采用烘干法测定冻土的含水率指标。

2. 试验仪器设备

(1) 烘箱：可采用电热烘箱或温度能保持 105～110℃ 的其他加热干燥设备。

(2) 天平：称量 500g，最小分度值 0.1g；称量 5000g，最小分度值 1g。

(3) 称量盒：可将盒调整为恒量并定期校正。

(4) 其他：干燥器、搪瓷盘、切土刀、吸水球、滤纸。

3. 试验原理

冻土的含水率为冻土中水的质量与土粒质量之比，以百分数来表示。

4. 试验步骤

(1) 整体状构造（肉眼不易看到显著冰晶）的黏质土或砂质土：

1) 每个试样的质量不宜少于 50g。将试样放入称量盒内，立即盖好盒盖，称量，细粒土、砂类土称量应准确至 0.01g，砂砾石称量应准确至 1g。当使用恒质量盒时，可先将其放置在电子天平或电子台秤上清零，再称量装有试样的恒质量盒，称量结果即为湿土质量。

2) 揭开盒盖，将试样和盒放入烘箱，在 105～110℃ 下烘到恒量。烘干时间，对于黏质土，不得少于 8h；对于砂类土，不得少于 6h。对于有机质含量为 5%～10% 的土，应将烘干温度控制在 65～70℃ 的恒温下烘至恒量。

3) 将烘干后的试样和盒取出，盖好盒盖放入干燥器内冷却至室温，称干土质量。

整体状构造的冻土含水率应按式 (2.1) 计算，准确至 0.1%。

(2) 对层状和网状构造的冻土，应采用平均试样法测定含水率：

1) 用四分法取冻土试样 1000g～2000g，视冻土结构均匀程度而定，较均匀的可少取，反之多取。称量准确至 1g，放入搪瓷盘中使其融化。

2) 将融化的土样调拌成均匀糊状稠度，当土太湿时，多余水分待澄清后可用吸球和吸纸吸出，或让其自然蒸发；土太干时可适当加水。进行称量，准确至 0.1g。

3) 从糊状稠度土样中取样测定含水率，方法同 (1)。

4) 应进行两次平行测定，其平行最大允许差值应为 ±1%。

应按下式计算层状和网状构造的冻土含水率，准确至 0.1%：

$$\omega_f = \left[\frac{m_{f0}}{m_{f1}}(1+0.01\omega_n) - 1\right] \times 100 \tag{2.58}$$

式中 ω_f——冻土含水率，%；

m_{f0}——冻土试样质量，g；

m_{f1}——调成糊状的土样质量，g；

ω_n——平均试样含水率，%。

5. 成果整理

烘干法测冻土含水率试验的记录格式见表 2.39。

2.16 冻土含水率试验

表 2.39　　　　　　　　　　冻土含水率试验记录表

盒号	盒质量 /g	盒加湿土 /g	盒加干土 /g	冻土质量 /g	干土质量 /g	冻土含水率 /%	冻土含水率平均值/%
	(1)	(2)	(3)	(4)=(2)-(1)	(5)=(3)-(1)	$(6)=\left[\frac{(4)}{(5)}-1\right]\times 100$	(7)

6. 注意事项

(1) 本试验必须对两个试样进行平行测定，测定的差值：当含水率小于10%时误差不大于1%；当含水率为10%~20%时误差不大于2%；当含水率为20%~30%时误差不大于3%。取两个测值的平均值，以百分数表示。

(2) 冻土的有机质含量不应大于干土质量的5%。当冻土的有机质含量在5%~10%之间时，仍可采用烘干法，但应注明有机质含量。

7. 试验思考

(1) 整体状构造的冻土与层状和网状构造的冻土的含水率计算有何区别？

(2) 冻土的含水率与天然土样含水率相比，在平行测定结果的误差要求方面有无不同？

8. 技能考核项目及标准

技能考核项目及标准见表2.40。

表 2.40　　　　　　　　　　技能考核项目及标准

技能考核项目	考核内容	分值	考核标准
选择试验仪器设备 (10%)	1. 选择试验所需的所有仪器设备	8分	能够准确识别并清点试验所需仪器设备，每漏（错）1项，扣2分
	2. 取土	2分	能够按试验要求准确取土，一次性制备成功方可得分
介绍试验原理 (10%)	试验原理说明及注意事项等	5分	能够准确说明试验目的、原理、方法，每漏（错）1项，扣2分
		5分	能够准确说明试验注意事项，每漏（错）1项，扣1分
试验操作 (50%)	试验操作步骤规范性及准确性	5分	能够进行仪器调整并正确使用操作，每错一步，扣1分
		35分	能够按试验步骤规范熟练操作并得出正确的试验结论，每错一步，扣5分
		10分	能够在规定时间内完成，每超时5min，扣2分
试验数据分析与处理 (15%)	数据分析与计算	10分	能够正确处理试验数据并做好完整的记录，每漏（错）1项，扣2分
		5分	能够核实数据是否在允许误差范围内。漏掉此项，扣5分
试验思考 (15%)	试验相关思考题	15分	能够正确回答思考题，每错1项，扣3分

2.17 冻土密度试验

冻土密度是冻土的基本物理指标之一，是冻土地区工程建设中计算土的冻结或融化深度、冻胀或融沉系数、冻土热学和力学指标，验算冻土地基强度等所需的重要指标。测定冻土的密度，关键是准确测定试样的体积。冻土密度试验在负温环境下进行。试验中对原状冻土和人工冻土测定其含水率、质量、体积等参数，采用公式计算法计算出冻土的密度。根据冻土的特点和试验条件选用浮称法、联合测定法、环刀法或充砂法。

2.17.1 浮称法

浮称法适用于表面无显著孔隙的冻土。

1. 试验仪器设备

根据《土工试验方法标准》（GB/T 50123—2019）的规定，试验仪器设备主要如下：

（1）浮重天平：称量1000g，最小分度值0.1g。

（2）液体密度计：分度值为0.001g/cm³。

（3）温度计：测量范围为-30～20℃，分度值为0.1℃。

（4）量筒：容积为1000mL。

（5）盛液筒：容积为1000～2000mL。

试验装置浮重天平见图2.32。

试验所用的溶液采用煤油或0℃纯水。采用煤油时，应首先用密度计法测定煤油在不同温度下的密度，并绘出密度与温度关系曲线。采用0℃纯水和试样温度较低时，应快速测定，试样表面不得发生融化。

在进行试验时，所用仪器设备必须按有关规程进行校验后方可使用。

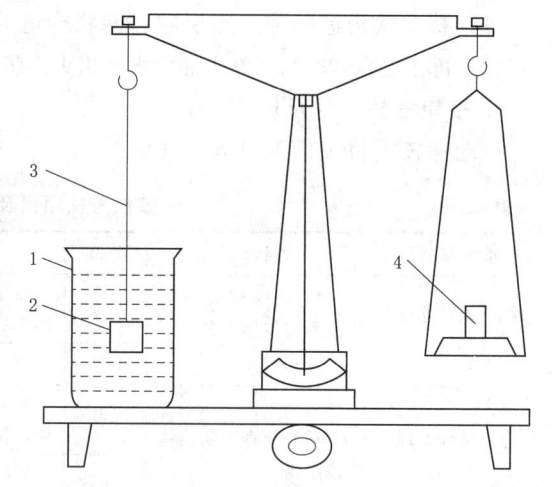

图2.32 浮重天平
1—盛液筒；2—试样；3—细线；4—砝码

2. 试验步骤

（1）调整天平，将空的盛液筒置于天平称重一端。

（2）切取质量为300～1000g的冻土试样，用细线捆紧，放入盛液筒中并悬吊在天平挂钩上称量，准确至0.1g。

（3）将事先预冷至接近冻土试样温度的煤油缓慢注入盛液筒，液面宜超过试样顶面2cm，并用温度计量测煤油温度，准确至0.1℃。

（4）称取试样在煤油中的质量，准确至0.1g。

（5）从煤油中取出冻土试样，削去表层带煤油的部分，然后按规定取样测定冻土的含水率。

2.17 冻土密度试验

3. 试验结果计算

$$\rho_f = \frac{m_1}{V} \quad (2.59)$$

$$V = \frac{m_1 - m_2}{\rho_{ct}} \quad (2.60)$$

式中 ρ_f——冻土密度，g/cm³，准确至 0.01g/cm³；
m_1——冻土试样质量，g；
V——冻土试样体积，cm³；
m_2——冻土试样在煤油中的质量，g；
ρ_{ct}——试验温度下煤油的密度，g/cm³，可由煤油密度与温度关系曲线查得。

冻土的干密度应按下式进行计算：

$$\rho_{fd} = \frac{\rho_f}{1 + 0.01\omega_f} \quad (2.61)$$

式中 ρ_{fd}——试样的干密度，g/cm³，准确至 0.01g/cm³；
ω_f——冻土的含水率（不带百分号）。

需要注意的是：本试验应进行不少于两组平行试验。对于整体状构造的冻土，两次测定的差值不得大于 0.03g/cm³，并取两次测值的平均值；对于层状和网状构造的其他富冰冻土，宜提出两次测定值。

4. 记录表格

冻土密度试验（浮称法）记录见表 2.41。

表 2.41　　　　　冻土密度试验（浮称法）记录表

试样编号	煤油温度/℃	煤油密度/(g/cm³)	试样质量/g	试样在油中的质量/g	试样体积/cm³	密度/(g/cm³)	平均值/(g/cm³)

2.17.2 联合测定法

联合测定法适用于砂质冻土和层状、网状结构的黏质冻土。

1. 试验仪器设备

(1) 排液筒（图 2.33）。
(2) 台秤：称量 5kg，最小分度值 1g。
(3) 量筒：容量 1000mL，最小分度值 10mL。

2. 试验步骤

(1) 将排液筒置于台秤上，拧紧虹吸管止水夹。注意排液筒在台秤上的位置一次要放好，在试验过程中不得再移动。
(2) 取冻土样 1000~1500g，称其质量 m，以备使用。
(3) 将接近 0℃ 的清水缓缓倒入排液筒中，使水面超过虹吸管顶（水深 20cm 左右）。

(4) 松开虹吸管的止水夹,使排液筒中水面缓慢下降,待虹吸管不再滴水,亦即排液筒中水面稳定后,关闭止水夹,称排液筒和水的质量 m_1。

(5) 将已称定质量的冻土试样轻轻置入排液筒中,随即打开止水夹,使排液筒的水流入量筒中,当水流停止时,关闭止水夹,立即称排液筒、土样和水三者的质量 m_2,同时记录量筒中接入的水的体积,用以校核冻土试样的体积。

(6) 待冻土试样在排液筒中充分融化呈松散状态,且排液筒中水呈澄清状态,再往排液筒中补加清水,使水面超过虹吸管顶,然后松开止水夹排水,当水流停止后,关闭止水夹,再次称排液筒、土颗粒和水的总质量 m_3。

注意在整个试验过程中应保持排液筒水面平稳,在排水和放入冻土试样时,排液筒不得发生上下剧烈晃动。

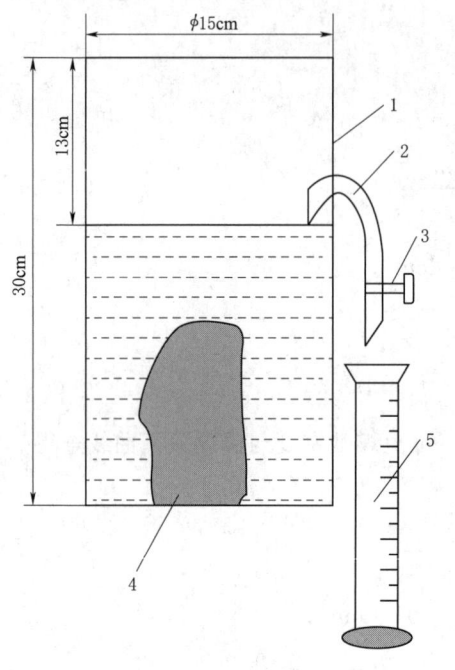

图 2.33 排液筒示意图
1—排液筒;2—虹吸管;3—止水夹;
4—冻土试样;5—量筒

3. 试验结果计算

$$\omega_f = \left[\frac{m(G_s-1)}{(m_3-m_1)G_s} - 1\right] \times 100 \tag{2.62}$$

$$V = \frac{m+m_1-m_2}{\rho_\omega} \tag{2.63}$$

$$\rho_f = \frac{m}{V} \tag{2.64}$$

$$\rho_{fd} = \frac{\rho_f}{1+0.01\omega_f} \tag{2.65}$$

式中 m——冻土试样质量,g;

m_1——冻土试样放入排液筒前排液筒、水总质量,g;

m_2——放入冻土试样后排液筒、水、土样总质量,g;

m_3——冻土溶解后排液筒、水、土颗粒总质量,g;

ρ_ω——水的密度,g/cm³。

需要注意的是:含水率计算结果准确至 0.1%,密度计算准确至 0.01g/cm³。本试验应进行二次平行测定,取两次测值的算术平均值,并标明两次测值。

4. 记录表格

冻土密度试验(联合测定法)记录见表 2.42。

2.17 冻土密度试验

表 2.42　　　　　　　　冻土密度试验（联合测定法）记录表

试样编号	冻土试样质量/g	排液筒+水质量/g	排液筒+水+土样质量/g	排液筒+水+土颗粒质量/g	土粒相对密度	试样体积/cm³	密度/(g/cm³)	含水率/%

2.17.3 环刀法

环刀法适用于温度高于−3℃的黏质和砂质冻土。

1. 试验仪器设备

(1) 环刀：容积应大于或等于 500cm³。

(2) 天平：称量 3000g，最小分度值 0.2g。

(3) 其他：切土器、钢丝锯等。

2. 试验步骤

(1) 本试验宜在负温环境中进行。无负温环境时，必须快速进行。切样和试验过程中试样表面不得发生融化。

(2) 取原状土样，整平其两端，将环刀刃口向下放在土样上。

(3) 用切土刀（或钢丝锯）将土样削成略大于环刀直径的土柱，然后将环刀垂直下压，边压边削，至土样伸出环刀为止。将两端余土削去修平，取剩余的代表性土样测定含水率。

(4) 擦净环刀外壁称量，算出湿土质量，准确至 0.2g。

3. 试验结果计算

参照式（2.64）和式（2.65）计算，计算结果准确至 0.01g/cm³。

需要注意的是：本试验应进行 2 次平行测定。其平行差值不应大于 0.03g/cm³。取其算术平均值。

4. 记录表格

冻土密度试验（环刀法）记录见表 2.43。

表 2.43　　　　　　　　冻土密度试验（环刀法）记录表

试样编号	环刀号	湿土质量/g	试样体积/cm³	湿密度/(g/cm³)	含水率/%	干密度/(g/cm³)	平均干密度/(g/cm³)

2.17.4 充砂法

充砂法用于表面有明显孔隙的冻土。

1. 试验仪器设备

(1) 测筒：内径宜用 15cm，高度宜用 13cm。

(2) 量砂：粒径 0.25～0.5mm 的干净标准砂。

(3) 漏斗：上口直径可为 15cm，下口直径为 1.5cm，高度为 10cm。

(4) 天平：称量 5000g，最小分度值 1g。

2. 试验步骤

(1) 应按下列步骤测定测筒的容积：

1) 称量测筒的质量 m_1。

2) 测筒注满水，水面必须与测筒上口齐平。称量测筒和水的总质量 m_2。

3) 测量水温，并查取相应水温下的密度 $\rho_{\omega t}$。

(2) 应按下列步骤测定测筒充砂密度：

1) 切取冻土试样。试样宜取直径为 8～10cm、高为 8～10cm 的圆柱形或（8～10）cm×（8～10）cm×（8～10）cm 的方形体。试样底面必须削平，称试样质量 m。

2) 将试样平面朝下放入测筒内。试样底面与测筒底面必须接触紧密。

3) 用标准砂充填冻土试样与筒壁之间的空隙和试样顶面。

a. 准备不少于 5000g 的清洗干净的干燥标准砂。标准砂的温度应接近冻土试样的温度。

b. 用漏斗架将漏斗置于测筒上方。漏斗下口与测筒上口应保持 5～10cm 的距离。

c. 用薄板挡住漏斗下口，并将标准砂充满漏斗后移开挡板，使砂充入测筒。与此同时，不断向漏斗中补充标准砂，使砂面始终保持与漏斗上口齐平。在充砂过程中不得敲击或振动漏斗和测筒。

d. 当测筒充满标准砂后，移开漏斗，轻轻刮平砂面，使之与测筒上口齐平。在刮砂过程中不应将砂压密。称量测筒、砂的总质量 m_3。

4) 称量测筒、试样和砂的总质量 m_4。

3. 试验结果计算

$$V_0 = \frac{m_2 - m_1}{\rho_{\omega t}} \tag{2.66}$$

$$\rho_s = \frac{m_3 - m_1}{V_0} \tag{2.67}$$

$$\rho_f = \frac{m}{V} \tag{2.68}$$

$$V = V_0 - \frac{m_4 - m_1 - m}{\rho_s} \tag{2.69}$$

式中　V_0——测筒的容积，cm^3；

m——冻土试样质量，g；

m_1——测筒质量，g；

m_2——测筒、水总质量，g；

$\rho_{\omega t}$——不同温度下水的密度，g/cm^3；

ρ_s——充砂密度，g/cm^3；

m_3——测筒、砂的总质量，g；

V——冻土试样的体积，cm^3；

m_4——测筒、试样和砂的总质量，g。

2.17 冻土密度试验

需要注意的是：测筒的容积应进行 3 次平行测定，并取 3 次测定值的算术平均值，各次测定结果之差不应大于 3mL；充砂密度应重复测定 3～4 次，并取其测值的算术平均值，各次测值之差应小于 $0.02g/cm^3$；充砂法试验应重复进行两次，并取其两次测值的算术平均值，两次测值的差值应不大于 $0.03g/cm^3$。

4. 记录表格

冻土密度试验（充砂法）记录见表 2.44。

表 2.44　　　　　　　　冻土密度试验（充砂法）记录表

试样编号	测筒质量/g	试样质量/g	测筒、试样和砂质量/g	砂质量/g	砂密度/(g/cm³)	测筒体积/cm³	试样体积/cm³	冻土密度/(g/cm³)

5. 试验思考

(1) 冻土密度试验的关键是什么？
(2) 冻土密度试验的测定方法有哪些？
(3) 冻土密度试验的测定方法分别适用于哪些情况？
(4) 各试验方法结果处理应注意哪些事项？

6. 技能考核项目及标准

技能考核项目及标准见表 2.45。

表 2.45　　技能考核项目及标准（浮称法、联合测定法、环刀法、充砂法）

技能考核项目	考核内容	分值	考核标准
选择试验仪器设备（10%）	1. 选择试验所需的所有仪器设备	5分	能够准确识别并清点试验所需仪器设备，每漏（错）1 项，扣 1 分
	2. 切取土样	5分	能够按试验要求准确制备土样，一次性制备成功方可得分
介绍试验原理（20%）	试验原理说明及注意事项等	15分	能够准确说明试验目的、原理、方法，每漏（错）1 项，扣 5 分
		5分	能够准确说明试验注意事项，每漏（错）1 项，扣 1 分
试验操作（50%）	试验操作步骤规范性及准确性	5分	能够进行仪器调整并正确使用操作，每错一步，扣 1 分
		35分	能够按试验步骤规范熟练操作并得出正确的试验结论，每错一步，扣 5 分
		10分	能够在规定时间内完成，每超时 5min，扣 2 分
试验数据分析与处理（15%）	数据分析与计算	10分	能够正确处理试验数据并做好完整的记录，每漏（错）1 项，扣 2 分
		5分	能够核实数据是否在允许误差范围内。漏掉此项，扣 5 分
试验思考（5%）	试验相关思考题	5分	能够正确回答思考题，每错 1 项，扣 1 分

第3章 土力学实践技能训练指导

土不仅是建筑材料，更是作为地基和工程结构物的环境介质而存在。任何建筑物都是建造在地球上，建筑物的全部荷载都由地球表面地层来承担。此处的建筑物不仅指一般的住宅、办公楼和厂房，而且泛指桥梁、码头、水电站、高速公路等工程结构物，还包括穿越土层的隧道或地下铁道等地下结构物，以及用土作为材料建造的大坝、路堤等土工构筑物。通常把直接承受建筑物荷载影响的那一部分地层称为地基。建筑物向地基传递荷载的下部结构称为基础。通常把埋置深度不大，只需经过挖槽、排水等普通施工程序就可以建造起来的基础称为浅基础；反之，若浅层土质不良，须把基础埋置于深处的好地层时，就得借助特殊的施工方法，建造各种类型的深基础（如桩基础、沉井和地下连续墙等）。本章实践技能训练指导以浅基础设计为主。

导入案例

某黏性土重度 $\gamma=17.5\text{kN/m}^3$，孔隙比 $e=0.7$，液性指数 $I_\text{L}=0.78$，地基承载力特征值 $f_\text{ak}=226\text{kPa}$，现拟修建柱下单独基础，柱截面为 300mm×400mm，作用在柱底的相应于荷载效应标准组合上部结构传来的轴心荷载为 700kN，弯矩值为 80kN·m，水平荷载为 13kN，柱永久荷载效应起控制作用，荷载效应基本组合设计值分别为：轴心荷载为 950kN，弯矩值为 108kN·m，水平荷载为 18kN。室内外高差 0.3m，试设计此钢筋混凝土基础（基础埋深初拟为 1m）。

设计思路

天然地基浅基础的设计，应根据上述设计资料和建筑物的类型、结构特点，按下列步骤进行：

(1) 选择基础的类型和材料。

(2) 确定基础的埋置深度，即确定地基持力层。

(3) 确定地基土的承载力特征值。

(4) 确定基础底面尺寸，必要时进行软弱下卧层强度验算。

(5) 验算地基的变形（须进行变形验算的建筑物）。

(6) 验算地基的稳定性（建在斜坡上的建筑物或经常承受较大水平荷载的构筑物）。

(7) 确定基础的剖面尺寸，进行基础结构计算（包括基础内力计算、配筋计算）。

(8) 绘制基础施工图，并编写施工说明（"土力学"课程教学内容不涵盖）。

3.1 浅基础类型

浅基础可按基础材料、结构类型和受力特点分类。分类的目的是更好地了解各种类型基础的特点及其适用范围，以便在基础设计时合理地选择基础的类型。浅基础按材料分类如下。

1. 砖基础

砖基础具有价格低、施工简便的特点，其剖面一般都做成阶梯形，称为大放脚。大放脚从垫层上开始砌筑。为保证基础大放脚在基底反力的作用下，不致发生破坏，大放脚应做成两皮一收的等高式或一皮一收与两皮一收相间的间隔式（基底必须保证两皮一收），一皮即一层砖，标准尺寸为60mm。每收一次两边各收进1/4砖长。砖基础一般可用于6层及6层以下的民用建筑物和砖墙承重的轻型厂房。

2. 毛石基础

毛石是指未经加工凿平的石料。毛石基础就是用强度较高而未风化的毛石砌筑的基础。由于毛石尺寸差别较大，为了便于砌筑和保证质量，毛石基础的台阶高度和基础墙厚不宜小于400mm，台阶宽度不宜小于200mm。石块应竖砌、错缝，缝内砂浆应饱满。

3. 灰土基础

灰土是用熟化的石灰粉和黏土按一定比例加适量的水拌和夯实而成的。其配合比为3:7或2:8，一般多采用3:7，即3分石灰粉7分黏土（体积比），通常称"三七灰土"。按厚度可分成三步灰土和二步灰土（灰土拌和均匀后，控制湿度，分层夯实，每层虚铺220～250mm，夯实至150mm，通常一步），厚300～450mm。灰土基础适用于六层和六层以下、地下水水位比较低的混合结构房屋和墙承重的轻型厂房。当地下水水位较高时不宜采用。

4. 三合土基础

三合土是用石灰、砂、碎砖或碎石按一定的比例配制而成的。一般其配合比（体积比）为1:2:4或1:3:6，经加入适量水充分拌和后，均匀铺入基槽，分层夯实（每层虚铺约220mm，夯至150mm）。铺至设计标高后再在其上砌砖大放脚。

三合土基础强度较低，一般用于4层及4层以下的一般混合结构房屋和墙承重的轻型厂房。当地下水水位较高时不宜采用。

5. 混凝土和毛石混凝土基础

混凝土基础是用水泥、砂子和石子按一定的配合比加水拌和浇筑而成的，其强度、耐久性、抗冻性、整体性都较好。其强度等级一般在C15以上。当荷载较大，地基均匀性较差或基础位于地下水水位以下时，常用混凝土基础。其台阶高度一般不得小于300mm。如果地下水的水质对普通硅酸盐水泥有侵蚀作用，则应采用矿渣水泥或火山灰水泥拌制混凝土。由于混凝土基础水泥用量较大，因此其造价比其他刚性基础高。当基础体积较大时，为了节约混凝土用量，在浇灌混凝土时，可掺入占基础体积25%～30%的毛石（石块尺寸不宜超过300mm），做成毛石混凝土基础。

6. 钢筋混凝土基础

钢筋混凝土基础强度大，耐久性、整体性、抗冻性能好，具有良好的抗弯、抗拉性能。当上部结构荷载较大、地基土承载力较小时，多采用钢筋混凝土基础。

除钢筋混凝土基础外，上述其他各种基础属无筋基础。无筋基础的抗弯、抗剪强度都不高。为了使基础内产生的拉应力和切应力不大，需要限制基础沿柱、墙边挑出的宽度，因而使基础的高度相对增加。因此，这种基础几乎不会发生挠曲变形。通常，把无筋基础称为刚性基础，把钢筋混凝土基础称为柔性基础。

本章的导入案例中采用钢筋混凝土基础。

3.2 基础的埋置深度

基础埋置深度是指从基础底面至室外设计地面的距离。

基础埋置深度的大小，对工程造价、施工技术、施工工期以及建筑物的安全等都有很大影响。必须深入调查研究，详细分析工程地质勘察资料、建筑物荷载大小、使用要求及相邻基础的影响，按技术和经济的最佳方案确定基础合理的埋置深度。

在确定基础埋置深度时，应综合考虑以下几个条件。

1. 建筑物的用途及基础构造的影响

当建筑物有地下室或半地下室、地下管沟或设备基础时，其基础埋置深度应根据建筑物地下部分的设计标高、管沟及设备基础底面标高局部或整体加深。

为了保证基础不受人类和生物活动的影响，基础埋置深度一般不宜小于 0.5m。此外，为了保护基础不露出地面，要求基础顶面至少应低于室外设计地面 0.1m，同时又要便于建筑物周围排水沟的布置。

2. 作用在基础上的荷载大小和性质的影响

选择基础埋置深度时必须考虑荷载的性质和大小。一般荷载大的基础，其基础尺寸需要大些，同时也要适当增加埋置深度。同一土层，对于荷载小的基础，可能是很好的持力层；对于荷载大的基础来说，则可能不适宜作为持力层，需另行确定。对于承受较大水平荷载的基础，为了保证结构的稳定性，常将基础埋置深度加大。承受上拔力的基础，如输电塔基础，也需要有足够的埋置深度，才能保证必需的抗拔阻力。

3. 工程地质和水文地质条件的影响

基础的埋置深度与场地的工程地质与水文地质条件密切相关。因此，在确定基础埋置深度时，应当详细分析建筑场地的地质勘察资料、各层土的物理力学性质和物理状态，选择合适的持力层，在安全可靠、经济合理的条件下，确定合理的基础埋置深度。通常应优先考虑将基础埋置在承载力较高、压缩性较低的土层上，而且应考虑尽量浅埋基础。根据地基土的工程性质和分布情况，确定基础埋置深度时大致可遇到以下几种情况：

（1）在地基压缩层范围内自上而下都是良好土层时，应在满足地基承载力和变形条件的前提下，综合考虑其他因素，尽量浅埋基础。

（2）自上而下都是软弱土层，难以找到良好的基础持力层，可考虑采用桩基、深基或人工地基。

（3）当地基上层土的承载力大于下层土时，一般取上层土作为持力层，即采用"宽基浅埋"方案。同时，必要时，应对地基受力层范围内的软弱下卧层进行验算。

（4）当地基上层土软弱而下层土的承载力较高时，应视软弱土层的厚度，决定基础埋置深度。若软弱土层较薄，厚度小于 2m，应选取下部良好土层作为持力层；若软弱土层较厚，宜考虑采用人工地基、桩基础或深基础等方案。

在确定基础埋置深度时，若遇到地下水，基础应尽量埋置于地下水水位以上，以避免地下水对基坑开挖、基础施工和使用的影响。如必须将基础埋在地下水水位以下，则应采取施工排水措施，保护地基土不受扰动。对于有侵蚀性的地下水，应对基础采取保护措施。

4. 相邻建筑物基础的影响

新基础靠近原有建筑物基础时，为了不影响原有基础的安全，新基础的埋置深度最好应小于或等于原有建筑物的基础埋置深度，并应考虑新加荷载对原有建筑物的影响。若新建筑物基础必须深于原有基础，则两基础间应保持一定的净距，其数值应根据原有建筑荷载大小、基础形式和土质情况确定，一般应不小于两基础底面高差的1~2倍（土质好时可取低值）。如不能满足这一要求，在施工过程中应采取有效措施，如分段施工、设置临时加固支撑、打板桩或采用地下连续梁等，必要时应对原有建筑物进行加固。此外，在使用期间，还要注意新基础的荷载是否将引起原有建筑物产生不均匀沉降。

5. 地基冻胀性的影响

地面以下一定深度的地层的温度随大气温度变化而变化。当地层温度低于0℃时，土中水冻结，而形成冻土。冻土可分为季节性冻土和多年冻土两类。季节性冻土是指一年内冻融交替出现的土层；而多年冻土则是长年处于冻结状态，且冻结连续三年以上。

季节性冻土在我国分布很广。东北、华北、西北地区的季节性冻土厚度在0.5m以上，最大的可达3m以上。

季节性冻土在冻融过程中，反复产生冻胀和融陷，使土的强度降低，压缩性增大。在单向冻结条件下，如果基础埋置深度超过冻结深度，则冻胀力只作用在基础的侧面，称为切向冻胀力T；当基础埋置深度浅于冻结深度时，则除了基础侧面上的切向冻胀力外，在基底上还作用有法向冻胀力P。如果上部结构荷载加上基础自重小于冻胀力，则基础将被抬起，融化时冻胀力消失而使基础下陷。由于这种上抬和下陷的不均匀性，建筑物墙体产生方向相反、互相交叉的斜裂缝，严重时使建筑物受到破坏。

季节性冻土的冻胀性和融陷性是相互关联的，一般常以冻胀性加以概括。当地基土的种类、冻前天然含水率、地下水水位不同时，其冻胀性是不同的，因而对建筑物的危害程度也各不相同。因此，在确定基础埋置深度时，要对不同冻胀性的土进行全面的分析，最后正确地确定基础埋置深度。

《建筑地基基础设计规范》（GB 50007—2011）根据冻土层的平均冻胀率（为最大地面冻胀量与设计冻结深度之比）的大小，将地基土的冻胀性分为不冻胀、弱冻胀、冻胀、强冻胀和特强冻胀5类。

(1) 不冻胀。冻结时没有水分转移，地面有时反而呈现冻缩状态。即使对变形很敏感的砖拱围墙等也不产生冻害。在不冻胀的地基上，基础的埋置深度与冻深无关。

(2) 弱冻胀。冻结时水分转移极少。土中的冰一般呈晶粒化。地表或散水坡无明显隆起，道路无翻浆现象。对基础浅埋的建筑物一般也无危害，只是在最不利的情况下，有时建筑物可能出现细微裂缝，但不影响建筑物的安全和使用。

(3) 冻胀。冻结时有水分转移并形成冰夹层。地表或散水坡明显隆起，道路翻浆。埋得过浅的建筑物将产生裂缝。在冻深较大的地区，非采暖建筑物还会因基础侧面的切向冻胀力而遭到破坏。

（4）强冻胀。冻结时有较多的水分转移，形成较厚或较密的冰夹层。道路翻浆严重。基础浅埋的建筑物将产生裂缝。在冻深较大的地区，即使基础埋在冻深以下，也会因切向冻胀力而使建筑物破坏。

（5）特强冻胀。冻结时有大量水分转移，形成很厚或很密的冰夹层。道路翻浆很严重。基础浅埋的建筑物会受到严重破坏。在冻深较大的地区，即使基础埋在冻深以下，也会因切向冻胀力而使建筑物破坏。

在确定基础埋置深度时，对于不冻胀土，可不考虑冻结深度的影响；对于弱冻胀土、冻胀土、强冻胀土和特强冻胀土，则需计算基础的最小埋置深度 $d_{\min}$。

$$d_{\min}=z_{\mathrm{d}}-h_{\max} \tag{3.1}$$

式中 $h_{\max}$——基础底面下允许残留冻土层的最大厚度，按表3.1选用；

z_{d}——设计冻结深度，m。

$$z_{\mathrm{d}}=z_0\varphi_{\mathrm{zs}}\varphi_{\mathrm{zw}}\varphi_{\mathrm{ze}} \tag{3.2}$$

式中 z_0——标准冻结深度，m；

φ_{zs}——土的类别对冻结深度的影响系数，按表3.2选用；

φ_{zw}——土的冻胀性对冻结深度的影响系数，按表3.3选用；

φ_{ze}——环境对冻结深度的影响系数，按表3.4选用。

表3.1　　建筑基础底面下允许残留冻土层最大厚度 $h_{\max}$　　　　单位：m

基底平均压力			90kPa	110kPa	130kPa	150kPa	170kPa	190kPa	210kPa
弱冻胀土	方形基础	采暖	—	0.94	0.99	1.04	1.11	1.15	1.20
		不采暖	—	0.78	0.84	0.91	0.97	1.04	1.10
	条形基础	采暖	—	>2.50	>2.50	>2.50	>2.50	>2.50	>2.50
		不采暖	2.20	2.50	>2.50	>2.50	>2.50	>2.50	>2.50
冻胀土	方形基础	采暖	0.64	0.70	0.75	0.81	0.86	—	
		不采暖	0.55	0.60	0.65	0.69	0.74	—	
	条形基础	采暖	1.55	1.79	2.03	2.26	2.50	—	
		不采暖	1.15	1.35	1.55	1.75	1.95	—	
强冻胀土	方形基础	采暖	0.42	0.47	0.51	0.56	—		
		不采暖	0.36	0.40	0.43	0.47	—		
	条形基础	采暖	0.74	0.88	1.00	1.13	—		
		不采暖	0.56	0.66	0.75	0.84	—		
特强冻胀土	方形基础	采暖	0.30	0.34	0.38	0.41	—		
		不采暖	0.24	0.27	0.31	0.34	—		
	条形基础	采暖	—	0.43	0.52	0.61	0.70	—	
		不采暖	0.33	0.40	0.47	0.53	—		

注 1. 本表只计算法向冻胀力，如果基础侧面存在切向冻胀力，应采取防切向力措施。
    2. 本表不适用于宽度小于0.6m的基础，矩形基础可取短边尺寸按方形基础计算。
    3. 表中数据不适用于淤泥、淤泥质土和欠固结土。
    4. 表中基底平均压力数值为永久荷载标准值乘以0.9，可以内插。

表 3.2　　　　　　　　　　　土的类别对冻结深度的影响系数

土的类别	影响系数 φ_{zs}	土的类别	影响系数 φ_{zs}
黏性土	1.00	中砂、粗砂、砾砂	1.30
细砂、粉砂、粉土	1.20	碎石土	1.40

表 3.3　　　　　　　　　　　土的冻胀性对冻结深度的影响系数

冻胀性	影响系数 φ_{zw}	冻胀性	影响系数 φ_{zw}
不冻胀	1.00	强冻胀	0.85
弱冻胀	0.95	特强冻胀	0.80
冻胀	0.90		

表 3.4　　　　　　　　　　　环境对冻结深度的影响系数

周围环境	影响系数 φ_{ze}	周围环境	影响系数 φ_{ze}
村、镇、旷野	1.00	城市市区	0.90
城市近郊	0.95		

注　当城市市区人口为 20 万～50 万时，按城市近郊取值；当城市市区人口大于 50 万小于或等于 100 万时，只计入城市市区影响系数；当城市市区人口超过 100 万时，除计入城市市区影响系数外，尚应考虑 5km 以内的城市近郊影响系数。

3.3 地基土的承载力特征值

地基承载力特征值指由载荷试验测定的地基土压力变形曲线线性变形阶段内规定的变形所对应的压力值，其最大值为比例界限值。地基承载力特征值可由载荷试验或其他原位测试、公式计算，并结合工程实践经验等方法综合确定。本节介绍按载荷试验确定地基承载力特征值。

载荷试验属于基础的模拟试验，可用于测求地基土层的承压板下应力主要影响范围内的承载力和变形参数。由于建筑物基础面积和埋置深度与载荷试验承压板面积和测试深度差别很大，当基础宽度大于3m或埋置深度大于0.5m时，按载荷试验或其他原位测试、经验值等方法确定的地基承载力特征值，尚应按下式修正：

$$f_a = f_{ak} + \eta_b \gamma (b-3) + \eta_d \gamma_m (d-0.5) \tag{3.3}$$

式中 f_a——修正后的地基承载特征值，kPa；

f_{ak}——地基承载力特征值，kPa；

η_b、η_d——基础宽度和埋置深度的地基承载力修正系数，按基底下土的类别查表3.5取值；

γ——基础底面以下土的重度，地下水水位以下取浮重度，kN/m^3；

b——基础底面宽度，m，b小于3m按3m取值，大于6m按6m取值；

γ_m——基础底面以上土的加权平均重度，地下水水位以下取浮重度，kN/m^3；

d——基础埋置深度，m，一般自室外地面标高算起；在填方整平地区，可自填土地面标高算起，但在上部结构施工后完成时，应从天然地面标高算起；对于地下室，如采用箱形基础或筏基，自室外地面标高算起，当采用独立基础或条形基础时，应从室内地面标高算起。

表 3.5 地基承载力修正系数

土 的 类 别		η_b	η_d
淤泥和淤泥质土		0	1.0
人工填土；e 或 I_L 大于等于 0.85 的黏性土		0	1.0
红黏土	含水比 $\alpha_w > 0.8$（$\alpha_w = \omega/\omega_L$）	0	1.2
	含水比 $\alpha_w \leq 0.8$	0.15	1.4
大面积压实填土	压实系数大于 0.95、黏粒含量 $\rho_c \geq 10\%$ 的粉土	0	1.5
	最大干密度大于 $2.1t/m^3$ 的级配砂石土	0	2.0
粉土	黏粒含量 $\rho_c \geq 10\%$ 的粉土	0.3	1.5
	黏粒含量 $\rho_c < 10\%$ 的粉土	0.5	2.0
e 及 I_L 均小于 0.85 的黏性土		0.3	1.6
粉砂土、细砂土（不包括很湿与饱和时的稍密状态）		2.0	3.0
中砂土、粗砂土、砾砂土和碎石土		3.0	4.4

注 1. 强风化和全风化的岩石，可参照所风化成的相应土类取值，其他状态下的岩石不修正。
　　2. 地基承载力特征值按《建筑地基基础设计规范》（GB 50007—2011）附录D深层平板载荷试验确定时 η_d 取0。

3.4 基础底面尺寸及承载力验算

1. 按地基承载力确定基础底面尺寸

根据地基承载力特征值、基础埋置深度及作用在基础上的荷载值，就可以计算出基础的底面积。传至基础底面上的荷载效应应按正常使用极限状态下荷载效应的标准组合。

(1) 轴心受压基础底面尺寸的确定。根据相应于荷载效应标准组合时基础底面处的平均压应力值应小于或等于修正后的地基承载力特征值的条件，即

$$p_k = \frac{F_k + G_k}{A} = \frac{F_k}{A} + \gamma_G \bar{d} \leqslant f_a \tag{3.4}$$

式中 F_k——相应于荷载效应标准组合时，上部结构传至基础顶面的竖向力值，kN。当为柱下独立基础时，轴向力（单位为 kN）算至基础顶面，当为墙下条形基础时，取 1m 长度内的轴向力（单位为 kN/m），算至室内地面标高处；

f_a——基底处修正后的地基承载力特征值，kPa；

γ_G——基础及基础上的土重的平均重度，取 $\gamma_G = 20\text{kN/m}^3$，当有地下水时，取 $\gamma_G - \gamma_w = 20 - 9.8 = 10.2\text{kN/m}^3$；

$\bar{d}$——计算基础自重及土自重 G_k 时的平均高度，m；

G_k——基础自重和基础上的土重，kN，对于一般基础近似取 $G_k = \gamma_G A \bar{d}$。

可得基础底面积

$$A \geqslant \frac{F_k}{f_a - \gamma_G \bar{d}} \tag{3.5}$$

对于矩形基础，$A = bl$（l 为基础长度，b 为基础宽度，长和宽的比例一般控制在 $n = \frac{l}{b} \leqslant 2$），有

$$b \geqslant \sqrt{\frac{F_k}{n(f_a - \gamma_G \bar{d})}} \tag{3.6a}$$

对于条形基础，$A = b$（取 $l = 1\text{m}$ 为计算单元），有

$$b \geqslant \frac{F_k}{f_a - \gamma_G \bar{d}} \tag{3.6b}$$

由式 (3.6a)、式 (3.6b) 可以看出，要确定基础底面宽度 b，需要知道修正后的地基承载力特征值 f_a，而 f_a 又与 b 有关，因此，一般应采用试算法计算。即先假定 $b \leqslant 3\text{m}$，这时仅按埋置深度确定地基承载力，然后算出基础宽度 b。如 $b \leqslant 3\text{m}$，表示假设正确，算得的基础宽度即为所求；否则，需重新修正 f_a，再进行计算。一般建筑物的基础宽度小于 3m，故大多数情况下不需要进行第二次计算。

(2) 偏心受压基础底面尺寸的确定。偏心荷载作用下基础底面尺寸可通过试算法确定。

3.4 基础底面尺寸及承载力验算

1) 先按式 (3.6) 初步计算轴心受压作用下基底面积。必要时对地基承载力特征值进行修正。

2) 根据偏心距的大小，把计算出的基底面积增大 10%～40%；或考虑将基础宽度增加 5%～10%。

3) 按适当比例确定基础长度 l 和宽度 b。

4) 按假设的基础底面积，用下述承载力条件进行验算，直到满足要求为止。

$$p_{kmax} = \frac{F_k + G_k}{A} + \frac{M_k}{W} \leqslant 1.2 f_a \tag{3.7}$$

$$p_k = \frac{F_k + G_k}{A} \leqslant f_a \tag{3.8}$$

式中 M_k——相应于荷载效应标准组合时，作用于基础底面的力矩值，kN·m；

W——基础底面的抵抗矩，m³，对于矩形基础，$W = \frac{bl^2}{6}$；对于条形基础，$W = \frac{b^2}{6}$。

对于柱下矩形基础：

$$p_{kmax} = \frac{F_k + G_k}{A}\left(1 + \frac{6e_0}{l}\right) \leqslant 1.2 f_a \tag{3.9}$$

式中 e_0——偏心距，$e_0 = M_k/(F_k + G_k)$。

对于墙下条形基础：

$$p_{kmax} = \frac{F_k + G_k}{b}\left(1 + \frac{6e_0}{l}\right) \leqslant 1.2 f_a \tag{3.10}$$

一般控制 $e_0 \leqslant l/6$（或 $e_0 \leqslant b/6$），l 为基础长边，一般取基础长边方向与弯矩方向平行。当偏心距 $e_0 \geqslant l/6$ 时，p_{kmin} 为负值，此时 p_{kmax} 应按下式计算：

$$p_{kmax} = \frac{2(F_k + G_k)}{3ab} = \frac{2(F_k + G_k)}{3(l/2 - e_0)b} \leqslant 1.2 f_a \tag{3.11}$$

式中 b——垂直于力矩作用方向的基础底面边长，m；

a——合力作用点至基础底面最大压力边缘的距离，m。

2. 地基软弱下卧层验算

按照地基土承载力条件计算出基础底面积后，如果在地基土持力层以下的压缩层范围内存在软弱下卧层，尚需验算下卧层顶面的地基强度，要求作用在软弱下卧层顶面处的全部压力值不应超过软弱下卧层地基土的承载力，即

$$p_z + p_{cz} \leqslant f_{az} \tag{3.12}$$

式中 p_z——相应于荷载效应标准组合时，软弱下卧层顶面处的附加应力值，kPa；

p_{cz}——软弱下卧层顶面处土的自重压力标准值，kPa；

f_{az}——软弱下卧层顶面处经深度修正后的地基承载力特征值，kPa。

当上层土与下卧层软弱土的压缩模量比值大于或等于 3 时，对于条形基础和矩形基础，可用压力扩散角方法求土中附加应力。该方法是假设基底处的附加应力按某一扩散角 θ 向下扩散，在任意深度的同一水平面上的附加应力均匀分布。根据扩散前后

各面积上的总压力相等的条件,可得深度为 z 处的附加应力:

矩形基础: $$p_z = \frac{lbp_0}{(b+2z\tan\theta)(1+2z\tan\theta)} \tag{3.13}$$

式中　b——矩形基础或条形基础底边的宽度,m;

　　　l——矩形基础底边的长度,m;

　　　p_0——基底附加压力,kPa;

　　　z——基础底面至软弱下卧层顶面的距离,m;

　　　θ——地基压力扩散角,即地基压力扩散线与垂直线的夹角,可按表3.6选用。

条形基础: $$p_z = \frac{lbp_0}{b+2z\tan\theta} \tag{3.14}$$

表 3.6　　　　　　　　　　　地基压力扩散角 θ

E_{s1}/E_{s2}	z/b		E_{s1}/E_{s2}	z/b	
	0.25	0.50		0.25	0.50
3	6°	23°	10	20°	30°
5	10°	25°			

注　1. E_{s1} 为上层土压缩模量;E_{s2} 为下层土压缩模量。

　　2. $z/b<0.25$ 时取 $\theta=0°$,必要时,宜由试验确定;$z/b>0.50$ 时 θ 值不变。

3.5 地基变形验算

地基变形验算的要求是：建筑物的地基变形计算值不大于地基变形允许值。

$$S < [S] \quad (3.15)$$

式中 S——地基变形计算值；

$[S]$——地基变形允许值，查表3.7可得。

表3.7 建筑物的地基变形允许值

变形特征		地基土类别	
		中、低压缩性土	高压缩性土
砌体承重结构基础的局部倾斜		0.002	0.003
工业与民用建筑相邻柱基的沉降差	框架结构	$0.002l$	$0.003l$
	砖石墙填充的边排柱	$0.0007l$	$0.001l$
	当基础不均匀沉降时不产生附加应力的结构	$0.005l$	$0.005l$
单层排架结构（柱距为6m）柱基的沉降量/mm		(120)	200
桥式吊车轨面的倾斜（按不调整轨道考虑）	纵向	0.004	
	横向	0.003	
多层和高层建筑的整体倾斜	$H_g \leq 24m$	0.004	
	$24m < H_g \leq 60m$	0.003	
	$60m < H_g \leq 100m$	0.0025	
	$H_g > 100m$	0.002	
体型简单的高层建筑基础的平均沉降量/mm		200	
高耸结构基础的倾斜	$H_g \leq 20m$	0.008	
	$20m < H_g \leq 50m$	0.006	
	$50m < H_g \leq 100m$	0.005	
	$100m < H_g \leq 150m$	0.004	
	$150m < H_g \leq 200m$	0.003	
	$200m < H_g \leq 250m$	0.002	
高耸结构基础的沉降量/mm	$H_g \leq 100m$	400	
	$100m < H_g \leq 200m$	300	
	$200m < H_g \leq 250m$	200	

注 1. 本表数值为建筑物地基实际最终变形允许值。
2. 有括号者仅适用于中压缩性土。
3. l为相邻柱基的中心距离，mm；H_g为自室外地面算起的建筑物高度，m。
4. 倾斜指基础倾斜方向两端点的沉降差与其距离的比值。
5. 局部倾斜指砌体承重结构沿纵向6～10m内基础两点的沉降差与其距离的比值。

设计等级为甲级、乙级的建筑物均应按地基变形设计，即在满足地基承载力条件的同时还应满足变形条件。对于表3.8所列范围内的设计等级为丙级的建筑物，按地基承载力计算已满足地基变形要求，可不作变形验算。

表 3.8　可不作地基变形验算的设计等级为丙级的建筑物范围

地基主要受力层情况	地基承载力特征值 f_{ak}		60kPa≤ f_{ak} <80kPa	80kPa≤ f_{ak} <100kPa	100kPa≤ f_{ak} <130kPa	130kPa≤ f_{ak} <160kPa	160kPa≤ f_{ak} <200kPa	200kPa≤ f_{ak} <300kPa
	各土层坡度/%		≤5	≤5	≤10	≤10	≤10	≤10
建筑类型	砌体承重结构、框架结构层数		≤5	≤5	≤5	≤6	≤6	≤7
	单层排架建筑结构类型（6m柱距）	单跨 吊车额定起重量/t	5～10	10～15	15～20	20～30	30～50	50～100
		单跨 厂房跨度/m	≤12	≤18	≤24	≤30	≤30	≤30
		多跨 吊车额定起重量/t	3～5	5～10	10～15	15～20	20～30	30～75
		多跨 厂房跨度/m	≤12	≤18	≤24	≤30	≤30	≤30
	烟囱	高度/m	≤30	≤40	≤50	≤75	≤100	
	水塔	高度/m	≤15	≤20	≤30	≤30	≤30	
		容积/m³	≤50	50～100	100～200	200～300	300～500	500～1000

注　1. 地基主要受力层指条形基础底面下深度为 $3b$（b 为基础底面宽度），独立基础下为 $1.5b$，且厚度均不小于 5m 的范围（二层以下一般的民用建筑除外）。
　　2. 地基主要受力层中如有承载力特征值小于 130kPa 的土层，表中砌体承重结构的设计，应符合《建筑地基基础设计规范》(GB 50007—2011) 第 7 章的有关要求。
　　3. 表中砌体承重结构和框架结构均指民用建筑，对于工业建筑可按厂房高度、荷载情况折合成与其相当的民用建筑层数。
　　4. 表中吊车额定起重量、烟囱高度和水塔容积的数值指最大值。

　　验算时，首先应根据建筑物的结构特点、安全使用要求及地基的工程特性确定某一变形特征作为变形验算的控制条件。在必要情况下，需要分别预估建筑物在施工期间和使用期间的地基变形值，以便预留建筑物有关部分之间的净空，考虑连接方法和施工顺序。此外，一般建筑物在施工期间完成的沉降量，对于砂土，可认为其最终沉降量已完成 80% 以上；对于低压缩性土，可认为已完成最终沉降量的 50%～80%；对于中压缩性土，可认为已完成 20%～50%；对于高压缩性土，可认为已完成 5%～20%。一般情况下，变更基础的尺寸与结构型式可以有效调整基底附加压力的分布与大小，从而改变地基变形值。当基底附加压力相同时，地基的变形随基底尺寸的增大而增加；而在确定的荷载下，若增大基底尺寸，将会使地基变形量减小，但应注意加大基底面积会增加地基压缩层的厚度，以致影响到地基深层中有较高压缩性的土层，也会造成地基变形量的增加。因此在验算地基变形、调整基底尺寸时，应考虑其他因素的影响。在实际设计中，常常会产生仅依靠调整基底尺寸还不能使地基变形满足要求的情况，这需要采取其他措施。例如改变基础埋置深度、改换基础类型、修改上部结构型式，甚至需要做人工地基或同时采取多种工程措施，以满足地基变形的控制要求。

3.6 地基稳定性验算

在进行地基基础设计时，对经常受水平荷载作用的高层建筑和高耸结构，承受水压力或土压力的挡土墙、水（堤）坝、桥台，以及建造在斜坡上的建（构）筑物，尚应验算其稳定性（在承载力验算中，实际上只验算了竖向荷载作用下的地基的稳定性，而未涉及水平荷载的作用）。

在水平和竖向荷载共同作用下，地基失稳破坏的形式有两种：一种是沿基底产生表层滑动，如图3.1（a）所示；另一种是深层整体滑动破坏，如图3.1（b）所示。

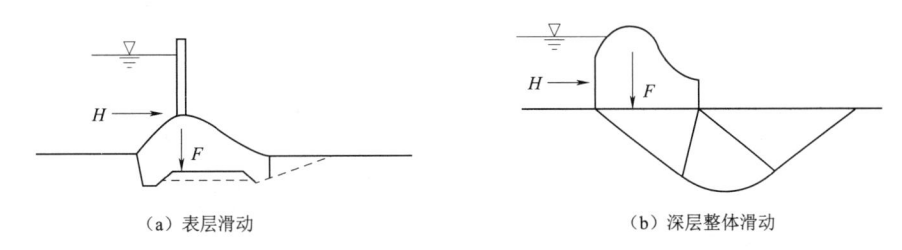

（a）表层滑动　　　　　　　　　　（b）深层整体滑动

图3.1　水平、竖向荷载共同作用下地基的破坏形式

目前地基的稳定验算仍采用单一安全系数的方法。当判定属于表层滑动时，可用式（3.16）计算稳定安全系数：

$$F_s = \frac{fF}{H} \tag{3.16}$$

式中　F_s——表层滑动稳定安全系数，可根据建筑物等级，查有关设计规范得到，一般为1.2～1.4；
　　　H——作用于基底的水平力的总和，kN；
　　　F——作用于基底的竖向力的总和，kN；
　　　f——基础与地基土的摩擦系数，可参考表3.9采用。

表3.9　　　　　　　　　　　　基础与地基土的摩擦系数

土 的 类 别		f
黏性土	可塑	0.25～0.30
	硬塑	0.30～0.35
	坚塑	0.35～0.45
粉土	$S_r \leqslant 0.5$	0.30～0.40
中砂、粗砂、砂砾		0.40～0.50
碎石土		0.40～0.60
软质岩石		0.40～0.60
表面粗糙的硬质岩石		0.65～0.75

当判定地基失稳形式属于深层滑动时，可用圆弧滑动法进行验算。稳定安全系数指作用于最危险的滑动面上诸力对滑动中心所产生的抗滑力矩与滑动力矩的比值，其

值应满足下式要求：

$$F_s = \frac{M_R}{M_S} \geqslant 1.2 \tag{3.17}$$

式中　M_R——抗滑力矩，kN·m；

　　　M_S——滑动力矩，kN·m。

位于斜坡上的建筑物，也应根据具体情况，采用圆弧滑动法或其他方法验算地基的稳定性。

3.7 基础结构计算

以柱下钢筋混凝土独立基础为例,结构计算内容包括基础底板厚度和底板配筋。

1. 轴心荷载作用

(1) 基础底板厚度。在柱中心荷载 F 作用下,如果基础高度(或阶梯高度)不足,则将沿着柱周边(或阶梯高度变化处)产生冲切破坏,形成 $45°$ 斜裂面的角锥体(图 3.2)。因此,由冲切破坏锥体以外的地基反力所产生的冲切力应小于冲切面处混凝土的抗冲切能力。对于矩形基础,柱短边一侧冲切破坏较柱长边一侧危险,所以一般只需根据短边一侧冲切破坏条件来确定底板厚底,即要求对矩形截面柱的矩形基础,应验算柱与基础交接处以及基础变阶处的受冲切承载力,按以下公式验算:

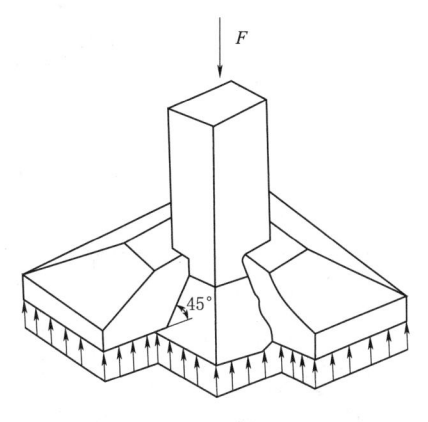

图 3.2 冲切破坏示意图

$$F_l = p_n A_l \leqslant 0.7 \beta_{hp} f_t b_m h_0 \tag{3.18}$$

$$b_m = (b_t + b_b)/2 \tag{3.19}$$

式中 F_l——冲切力,相应于荷载效应基本组合时作用在 A_l 上的地基净反力设计值;

p_n——扣除基础自重及其上土重后相应于荷载效应基本组合时的地基土单位面积净反力,见图 3.3(a);

A_l——冲切验算时取用的部分基底面积,即图 3.3(b)、(c)中的阴影面积;

β_{hp}——受冲切承载力截面高度影响系数,当 $h \leqslant 800 \text{mm}$ 时,β_{hp} 取 1.0;当 $h \geqslant 2000 \text{mm}$ 时,β_{hp} 取 0.9;其间按线性内插法取用;

f_t——混凝土轴心抗拉强度设计值;

h_0——基础冲切破坏锥体的有效高度,见图 3.3(a);

b_m——基础冲切破坏锥体最不利一侧计算长度;

b_t——基础冲切破坏锥体最不利一侧截面的长边长,当计算柱与基础交接处的受冲切承载力时,取柱宽 b_c;当计算基础变阶处的受冲切承载力时,取上阶宽;

b_b——基础冲切破坏锥体最不利一侧斜面在基础底面积范围内的下边长。当冲切破坏锥体的底面落在基础底面以内,见图 3.3(b),计算柱与基础交接处的受冲切承载力时,取柱宽加两倍基础有效高度;当计算基础变阶处的受冲切承载力时,取上阶宽加两倍该处的基础有效高度。当冲切破坏锥体的底面在 b 方向落在基础底面以外,即 $b_c + 2h_0 > b$ 时,见图 3.3(c),$b_b = b$。

(2) 底板配筋。由于单独基础底板在 p_n 作用下,在两个方向均发生弯曲,所以两个方向都要配受力钢筋,钢筋面积按两个方向的最大弯矩分别计算。计算时,应按照《混凝土结构设计标准》(GB/T 50010—2010)正截面受弯承载力计算公式计算。

最大弯矩计算示意图见图 3.4。

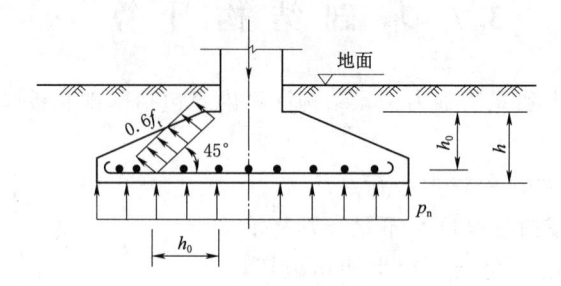

(a) 柱与基础交接处受冲切承载力

(b) $b \geqslant b_c + 2h_0$

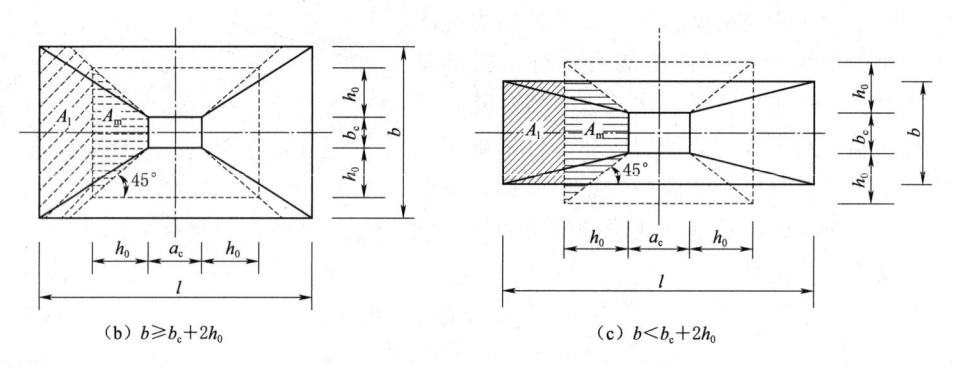

(c) $b < b_c + 2h_0$

图 3.3 轴心受压柱基础底板厚度的确定

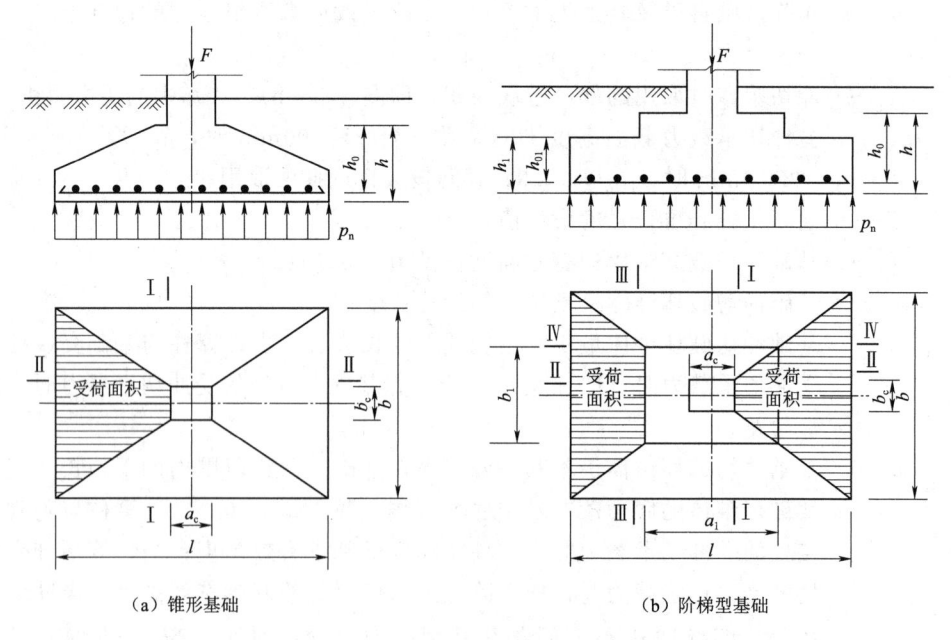

(a) 锥形基础

(b) 阶梯型基础

图 3.4 柱下独立基础弯矩计算示意图

1) 柱边（Ⅰ—Ⅰ截面）。

$$M_{\mathrm{I}} = \frac{p_{\mathrm{n}}}{24}(l-a_{\mathrm{c}})^2(2b+b_{\mathrm{c}}) \tag{3.20}$$

2) 柱边（Ⅱ—Ⅱ截面）。

$$M_{Ⅱ}=\frac{p_n}{24}(b-b_c)^2(2l+a_c) \tag{3.21}$$

3) 阶梯高度变化处（Ⅲ—Ⅲ截面）。

$$M_{Ⅲ}=\frac{p_n}{24}(l-a_1)^2(2b+b_1) \tag{3.22}$$

4) 阶梯高度变化处（Ⅳ—Ⅳ截面）。

$$M_{Ⅳ}=\frac{p_n}{24}(b-b_1)^2(2l+a_1) \tag{3.23}$$

2. 偏心荷载作用

偏心受压基础底板厚度和配筋计算与中心受压情况基本相同。偏心受压基础底板厚度计算时，只需将式（3.18）中的 p_n 换成偏心受压时基础边缘处最大设计净反力 $p_{n,max}$ 即可，见图 3.5。

$$p_{n,max}=\frac{F}{lb}\left(1+\frac{6e_{n,0}}{l}\right) \tag{3.24}$$

式中 $e_{n,0}$——净偏心距。

偏心受压基础底板配筋计算时，只需将式（3.20）～式（3.23）中的 p_n 换成偏心受压时柱边处（或变阶面处）基底设计反力 $p_{n,Ⅰ}$ 或（$p_{n,Ⅲ}$）与 $p_{n,max}$ 的平均值 $\frac{1}{2}(p_{n,max}+p_{n,Ⅰ})$ 或 $\frac{1}{2}(p_{n,max}+p_{n,Ⅲ})$ 即可（图 3.6）。

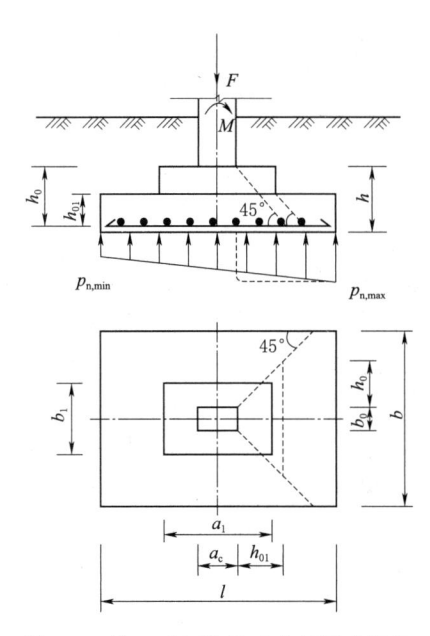

图 3.5 偏心受压柱基础底板厚度计算 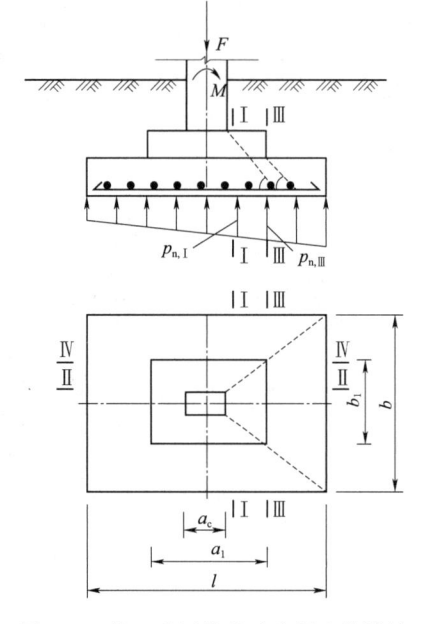　　图 3.6 偏心受压柱基础底板配筋计算

3. 抗弯验算

在轴心荷载或单向偏心荷载作用下底板受弯（图 3.7）可按下列简化方法计算。

对于矩形基础，当台阶的宽高比不大于 2.5 和偏心距不大于 1/6 基础宽度时，任意截面的弯矩可按下列公式计算：

$$M_{\mathrm{I}} = \frac{1}{12}a_1^2\left[(2l+a')\left(p_{\max}+p-\frac{2G}{A}\right)+(p_{\max}-p)l\right] \tag{3.25}$$

$$M_{\mathrm{II}} = \frac{1}{48}(l-a')^2(2b+b')\left(p_{\max}+p_{\min}-\frac{2G}{A}\right) \tag{3.26}$$

式中　M_{I}、M_{II}——任意截面Ⅰ—Ⅰ、Ⅱ—Ⅱ处相应于荷载效应基本组合时的弯矩设计值；

　　　a_1——任意截面Ⅰ—Ⅰ至基底边缘最大反力处的距离；

　　　l、b——基础底面的边长；

　　　$p_{\max}$、$p_{\min}$——相应于荷载效应基本组合时的基础底面边缘最大和最小地基反力设计值；

　　　p——相应于荷载效应基本组合时在任意截面Ⅰ—Ⅰ处基础底面地基反力设计值；

　　　G——考虑荷载分项系数的基础自重及其上的土自重；当组合值由永久荷载控制时，$G=1.35G_{\mathrm{k}}$。

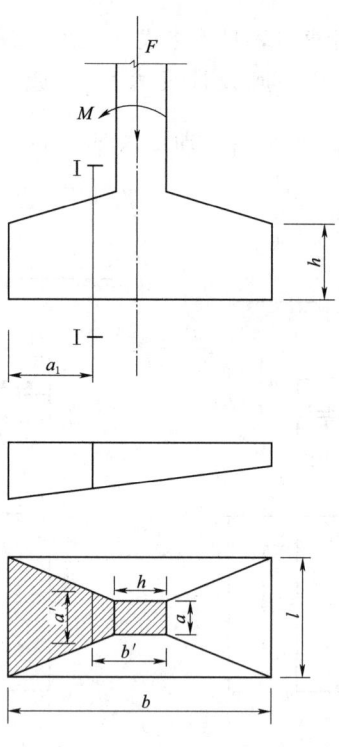

图 3.7　矩形基础底板的计算示意图

3.8 导入案例解析

对于本章开头的导入案例,绘图,如图3.8所示。

(1) 材料选用:C20混凝土,$f_t=1.1\text{N/mm}^2$;HPB300钢筋,$f_y=270\text{N/mm}^2$。

(2) 综合考虑基础埋置深度影响因素后,确定埋深为1m。

(3) 确定地基土的承载力特征值。

结合表3.5,孔隙比$e=0.7$,液性指数$I_L=0.78$的黏性土,$\eta_b=0.3$,$\eta_d=1.6$。假定$b \leqslant 3\text{m}$,则

$$f_a = f_{ak} + \eta_b \gamma (b-3) + \eta_d \gamma_m (d-0.5)$$
$$= 226 + 1.6 \times 17.5 \times (1-0.5)$$
$$= 240\text{kPa}$$

(4) 确定基础底面尺寸,必要时进行软弱下卧层强度验算。

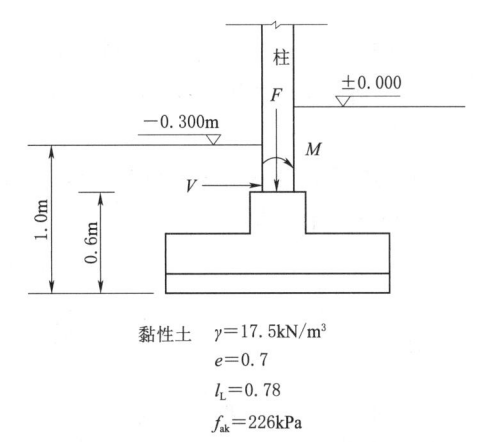

图3.8 钢筋混凝土独立基础示意图

$$A \geqslant \frac{F_k}{f_a - \gamma_G \bar{d}} = \frac{700}{240 - 20 \times \left(1.0 + \frac{0.3}{2}\right)} = 3.23\text{m}^2$$

由于偏心荷载不大,基础底面积初步增大20%,则

$$A' = 1.2A = 1.2 \times 3.23\text{m}^2 = 3.88\text{m}^2$$

初步选择$l=2.4\text{m}$,$b=1.6\text{m}$,故$A=2.4 \times 1.6 = 3.84\text{m}^2$。因$b<3\text{m}$,不需再对$f_a$修正。

验算持力层地基承载力:

$$e_0 = \frac{M_k}{F_k + G_k} = \frac{80 + 13 \times 0.6}{700 + 20 \times 3.84 \times 1.15} = 0.11\text{m} < \frac{l}{6}(0.4\text{m})$$

则

$$p_{k\max} = \frac{F_k + G_k}{A}\left(1 + \frac{6e_0}{l}\right) = \frac{700 + 20 \times 3.84 \times 1.15}{3.84} \times \left(1 + \frac{6 \times 0.11}{2.4}\right) = 261.75 < 1.2f_a$$
$$= 288\text{kPa}$$

故持力层强度满足要求。

(5) 本例暂不做变形验算和稳定验算。

(6) 基础结构计算。

1) 计算基底净反力。

偏心距

$$e_{n,0}=\frac{M}{F}=\frac{108+18\times0.6}{950}=0.125\mathrm{m}$$

基础边缘处的最大和最小净反力为

$$\begin{matrix}p_{n,\max}\\p_{n,\min}\end{matrix}=\frac{F}{lb}\left(1\pm\frac{6e_{n,0}}{l}\right)=\frac{950}{2.4\times1.6}\left(1\pm\frac{6\times0.125}{2.4}\right)=\begin{matrix}324.7\mathrm{kPa}\\170.1\mathrm{kPa}\end{matrix}$$

2) 确定基础高度（采用阶形基础）。

a. 柱边基础截面抗冲切验算。已知：$l=2.4\mathrm{m}$，$b=1.6\mathrm{m}$，$a_c=0.4\mathrm{m}$，$b_c=0.3\mathrm{m}$，$b_t=0.3\mathrm{m}$。

初步选择基础高度 $h=600\mathrm{mm}$，从下至上分高为 350mm、250mm 的两个台阶。$h_0=550\mathrm{mm}$（有垫层）。

$b_b=b_c+2h_0=0.3+2\times0.55=1.40\mathrm{m}<b=1.6\mathrm{m}$，取 $b_b=1.40\mathrm{m}$。

$$b_m=\frac{b_t+b_b}{2}=\frac{300+1400}{2}=850\mathrm{mm}$$

因偏心受压，p_n 取 $p_{n,\max}$。

冲切力为

$$F_l=p_n A_l=p_{n,\max}\left[\left(\frac{l}{2}-\frac{a_c}{2}-h_0\right)b-\left(\frac{b}{2}-\frac{b_c}{2}-h_0\right)^2\right]$$
$$=324.7\times\left[\left(\frac{2.4}{2}-\frac{0.4}{2}-0.55\right)\times1.6-\left(\frac{1.6}{2}-\frac{0.3}{2}-0.55\right)^2\right]$$
$$=230.54\mathrm{kN}$$

抗冲切力为 $0.7\beta_{hp}f_t b_m h_0=0.7\times1.0\times1.10\times10^3\times0.85\times0.55=360\mathrm{kN}>230.54\mathrm{kN}$，满足条件。

b. 变阶处抗冲切验算。初拟 $b_1=0.8\mathrm{m}$，$a_1=1.2\mathrm{m}$，$b_t=0.8\mathrm{m}$，$h_{01}=350-50=300\mathrm{mm}$

$b_b=b_1+2h_0=0.8+2\times0.3=1.4\mathrm{m}<b=1.6\mathrm{m}$，取 $b_b=1.4\mathrm{m}$。

$$b_m=\frac{b_t+b_b}{2}=\frac{800+1400}{2}=1100\mathrm{mm}$$

冲切力：

$$F_l=p_{n,\max}\left[\left(\frac{l}{2}-\frac{a_1}{2}-h_{01}\right)b-\left(\frac{b}{2}-\frac{b_1}{2}-h_{01}\right)^2\right]$$
$$=324.7\times\left[\left(\frac{2.4}{2}-\frac{1.2}{2}-0.3\right)\times1.6-\left(\frac{1.6}{2}-\frac{0.8}{2}-0.3\right)^2\right]$$
$$=152.61\mathrm{kN}$$

抗冲切力为 $0.7\beta_{hp}f_t b_m h_{01}=0.7\times1.0\times1.10\times10^3\times1.1\times0.3=254.1\mathrm{kN}>152.61\mathrm{kN}$，满足条件。

3) 配筋计算。

a. 基础长边方向

(a) Ⅰ—Ⅰ截面（柱边）。

柱边净反力为

$$p_{n,I} = p_{n,\min} + \frac{l+a_c}{2l}(p_{n,\max} - p_{n,\min})$$

$$= 170.1 + \frac{2.4+0.4}{2\times 2.4} \times (324.7-170.1) = 260.3 \text{kPa}$$

$$\frac{p_{n,\max} + p_{n,I}}{2} = \frac{324.7+260.3}{2} = 292.5 \text{kPa}$$

弯矩为

$$M_I = \frac{1}{24}\left(\frac{p_{n,\max} + p_{n,I}}{2}\right)(l-a_c)^2(2b+b_c) = \frac{1}{24} \times 292.5 \times (2.4-0.4)^2 \times (2\times 1.6+0.3)$$

$$= 170.6 \text{kN} \cdot \text{m}$$

$$A_{s,I} = \frac{M}{0.9 f_y h_0} = \frac{170.6 \times 10^6}{0.9 \times 270 \times 550} = 1276 \text{mm}^2$$

(b) Ⅲ—Ⅲ截面（变阶处）。

$$p_{n,\text{Ⅲ}} = p_{n,\min} + \frac{l+a_1}{2l}(p_{n,\max} - p_{n,\min})$$

$$= 170.1 + \frac{2.4+1.2}{2\times 2.4}(324.7-170.1) = 286.1 \text{kPa}$$

$$M_\text{Ⅲ} = \frac{1}{24}\left(\frac{p_{n,\max} + p_{n,\text{Ⅲ}}}{2}\right)(l-a_1)^2(2b+b_1) = \frac{1}{24} \times \left(\frac{324.7+286.1}{2}\right) \times (2.4-1.2)^2 \times (2\times 1.6+0.8)$$

$$= 73.3 \text{kN} \cdot \text{m}$$

$$A_{s,\text{Ⅲ}} = \frac{M}{0.9 f_y h_{01}} = \frac{73.3 \times 10^6}{0.9 \times 270 \times 300} = 1005 \text{mm}^2$$

比较 $A_{s,I}$ 和 $A_{s,\text{Ⅲ}}$，应按 $A_{s,I}$ 配筋，实际配 9Φ12+2Φ14，$A_s = 1326 \text{mm}^2 > 1276 \text{mm}^2$，满足条件。

b. 基础短边方向。因该基础受单向偏心荷载作用，所以在基础短边方向的基底反力可按均匀分布，取 $\frac{p_{n,\max} + p_{n,\min}}{2}$ 计算。即

$$p_n = \frac{324.7+170.1}{2} = 247.4 \text{kPa}$$

与长边方向的配筋计算方法相同，可得Ⅱ—Ⅱ截面（柱边）的计算配筋值 $A_{s,\text{Ⅱ}} = 677.8 \text{mm}^2$；Ⅳ—Ⅳ截面（变阶处）的计算配筋值，$A_{s,\text{Ⅳ}} = 542.9 \text{mm}^2$，因此按 $A_{s,\text{Ⅱ}}$ 在短边方向（小于 2.4m 宽）配筋。但是，该配筋不能符合构造要求。实际按构造配筋 12Φ10，$A_s = 942 \text{mm}^2$。

3.9 核心技能训练
——某教学楼柱下钢筋混凝土独立基础设计

1. 设计目的

(1) 了解一般民用建筑荷载的传力途径，掌握荷载计算方法。

(2) 掌握基础设计方法和计算步骤，明确基础有关构造。

(3) 初步掌握基础施工图的表达方式、制图规定及制图基本技能。

2. 设计资料

工程名称：教学楼

建筑地点：吉林市

标准冻深：$Z_0=1.5\text{m}$

上部结构传至基础顶面的荷载如下：

标准组合值：$F_k=860\text{kN}$，$M_k=110\text{kN·m}$，$V_k=50\text{kN}$。

基本组合值近似取标准组合值的 1.35 倍。

柱的截面尺寸为 400mm×500mm。统一采用阶梯形基础钢混基础。

地质资料如下：第一层土为素填土，厚度为 0.8m，$f_{ak}=85\text{kPa}$，$\gamma=17\text{kN/m}^3$；第二层土为粉质黏土，厚度为 2.8m，$f_{ak}=165\text{kPa}$，$\gamma_{sat}=18.75\text{kN/m}^3$，$E_s=6.3\text{MPa}$，$e=0.75$，$I_L=0.88$；其下为淤泥质黏土，$f_{ak}=115\text{kPa}$，$\gamma_{sat}=17.5\text{kN/m}^3$，$E_s=1.8\text{MPa}$。地下水水位位于粉质黏土顶面。

3. 设计要求

(1) 基础方案：采用柱下钢筋混凝土独立基础。

(2) 基础材料：C20 混凝土，HPB300 钢筋，采用多阶的钢筋混凝土基础。

(3) 绘图要求：绘图包括基础平面布置图和基础剖面图。图纸应整洁，线条及字体应规范。

4. 基础设计步骤

(1) 计算上部结构竖向荷载。

(2) 根据建筑物荷载大小、地基土质情况等，合理选择基础类型和材料。

(3) 根据工程地质条件、建筑物使用要求以及地下水影响等因素，确定基础埋深。

$$d_{\min}=z_d-h_{\max}$$

(4) 根据修正后的地基承载力特征值 f_a 以及相应于荷载效应标准组合上层结构传至基础顶面的竖向力 F_K（即每延米荷载），按下式计算基础底面积：

$$A\geqslant\frac{F_K}{f_a-\gamma_G d}$$

对于矩形基础，$A=bl$（l 为基础长度，b 为基础宽度），长宽比一般不超过 2，进而确定基础底面尺寸。

(5) 根据工程地质条件，计算地基持力层和下卧层的承载力。如果地基下卧层是

3.9 核心技能训练——某教学楼柱下钢筋混凝土独立基础设计

软弱土层（淤泥或淤泥质土），必须进行软弱下卧层承载力验算，并要求满足：

$$p_z + p_{cz} \leqslant f_{az}$$

（6）对于柱下钢筋混凝土独立基础，需根据抗剪强度条件确定基础高度（即底板厚度），同时还要考虑其构造要求，然后计算基础底板配筋。

（7）按照分层总和法计算基础的最终沉降量，允许沉降值为 200mm。

核心技能训练成绩考核标准见表 3.10。

表 3.10 成 绩 考 核 标 准

考核内容	分值	考 核 标 准
出勤及实习态度（5%）	5 分	能够按时出勤，遵守纪律，积极参与小组讨论，认真完成任务
设计计算书（45%）	15 分	计算书内容完整，计算过程清楚，步骤详细，结论正确
	20 分	能够清晰汇报地基基础的设计原理及不同验算类型，并准确回答教师提问问题。漏（错）一项，扣 3 分
	10 分	能够清晰汇报基础沉降量计算步骤，并准确回答教师提问问题。漏（错）一项，扣 2 分
设计图纸（40%）	20 分	图纸工整规范，布局合理可行，数据尺寸与计算书相对应
	10 分	能够清晰汇报基础平面布置图的绘制要点及关键数据，并准确回答教师提问问题。漏（错）一项，扣 2 分
	10 分	能够清晰汇报基础剖面图的绘制要点及关键数据，并准确回答教师提问问题。漏（错）一项，扣 2 分
实习报告（10%）	10 分	内容完整，格式规范，记录翔实

附录 A 吉林某度假小镇浅层平板载荷试验检测报告

A.1 检测目的

吉林某度假小镇工程进行浅层平板载荷试验，目的是检测该工程地基承载力荷载值，为设计提供依据。

A.2 检测依据

（1）《建筑地基基础设计规范》(GB 50007—2011)。

（2）《岩土工程勘察规范》(GB 50021—2001)(2009 年版)。

（3）《建筑地基处理技术规范》(JGJ 79—2012)。

A.3 检测方法及要求

1. 检测方法

（1）本试验采用 0.5m² 承压板，将试验点清理干净并找平，然后安装承压板。

（2）本试验采用堆重反力梁试验方案，用 1 根主梁 3 根次梁组成一反力平台。在平台上堆最大试验荷载 1.2 倍的配重物提供反力。用 500kN 千斤顶加载，荷载大小由安装在油泵油路上的压力传感器通过"RS-JYC"型桩基静载荷测试分析系统自动控制。

（3）本试验采用快速、慢速的试验方法。慢速试验方法在每级加载后，按间隔 10min、10min、10min、15min、15min，以后为 30min 测读沉降量，当在连续两小时内，每小时的沉降量小于 0.1mm 时，则认为已趋稳定，可加下一级荷载。

2. 沉降量观测

沉降量观测采用 4 只量程为 50mm、精度为 0.01mm 的位移传感器，安装在承压板上，并固定在基准梁上。通过 RS-JYC 系统对承压板沉降自动测量。

3. 试验加卸载方式

（1）加载：本试验将所预估极限承载力值 150kPa、300kPa 分成 10 级进行加载。每次加一级荷载。

（2）卸载：每级卸载值取加载时分级荷载的 2 倍。

4. 终止加载条件

当出现下列情况之一时，可终止加载：

（1）承压板周围的土明显地侧向挤出。

（2）沉降量 s 急骤增大，荷载-沉降量（p-s）曲线出现陡降段。

（3）在某级荷载下，24h 内沉降速率不能达到稳定。

（4）沉降量与承压板宽度或直径之比大于或等于 0.06。

当满足前三种情况之一时，其对应的前一级荷载定为极限荷载。

附录 A 吉林某度假小镇浅层平板载荷试验检测报告

A.4 工程地质概况

根据委托单位提供的该项目岩土工程勘察报告,地层描述见表 A.1。

表 A.1　　　　　　　　　　　地 层 分 布 及 描 述

层次	土层名称	层厚/m	地层描述
①	素填土	7.50～14.20	灰色、杂色,较松散
②	粉质黏土混角砾	0.60～3.70	黄色、灰黄色,可塑
③	角砾	0.50～1.20	灰黄色,中密～密实
④	碎石	3.20～6.80	灰黄色、杂色,中密～密实
⑤	强风化花岗岩	揭露层厚1.70～6.70	灰黄色、浅肉红色

A.5 检测过程及结果

1. 检测过程

根据国家、省的有关规范规定,经有关单位研究协商,本区域确定检测9点。

(1) H2-1点:于2018年8月11日开始加载,当加载至165kPa时,沉降量为7.31mm;当加载至330kPa时,沉降量为16.87mm。因堆重平台的最大堆载值无法满足试验继续加载的要求,故停止加载。

(2) H2-2点:于2018年8月17日开始加载,当加载至210kPa时,沉降量为9.09mm;当加载至420kPa时,沉降量为20.17mm。因堆重平台的最大堆载值无法满足试验继续加载的要求,故停止加载。卸载至0kPa时,最大回弹量为7.58mm,回弹率37.6%。

(3) H2-3点:于2018年8月18日开始加载,当加载至252kPa时,沉降量为11.03mm;当加载至504kPa时,沉降量为42.98mm。因堆重平台的最大堆载值无法满足试验继续加载的要求,同时沉降量接近破坏值,故停止加载。卸载至0kPa时,最大回弹量为7.24mm,回弹率16.8%。

(4) H2-4点:于2018年8月19日开始加载,当加载至255kPa时,沉降量为21.72mm;当加载至510kPa时,沉降量为33.61mm。因堆重平台的最大堆载值无法满足试验继续加载的要求,故停止加载。

(5) H3-1点:于2018年8月15日开始加载,当加载至360kPa时,沉降量为6.91mm;当加载至720kPa时,沉降量为11.69mm。因堆重平台的最大堆载值无法满足试验继续加载的要求,故停止加载。

(6) H3-2点:于2018年8月16日开始加载,当加载至330kPa时,沉降量为8.50mm;当加载至660kPa时,沉降量为17.40mm。因堆重平台的最大堆载值无法满足试验继续加载的要求,故停止加载。卸载至0kPa时,最大回弹量为2.94mm,回弹率16.9%。

(7) 5号-1点:于2018年8月20日开始加载,当加载至300kPa时,沉降量为16.57mm;当加载至600kPa时,沉降量为39.60mm。因堆重平台的最大堆载值无法满足试验继续加载的要求,故停止加载。

(8) 5号-2点:于2018年8月21日开始加载,当加载至330kPa时,沉降量为4.45mm;当加载至660kPa时,沉降量为8.31mm。因堆重平台的最大堆载值无法满足试验继续加载的要求，故停止加载。卸载至0kPa时，最大回弹量为2.29mm，回弹率27.6%。

（9）5号-3点：于2018年8月22日开始加载，当加载至300kPa时，沉降量为5.32mm；当加载至600kPa时，沉降量为10.03mm。因堆重平台的最大堆载值无法满足试验继续加载的要求，故停止加载。

2. 承载力特征值的确定

（1）当p-s曲线上有比例界限时，取该比例界限所对应的荷载值。

（2）当极限荷载小于对应比例界限的荷载值的2倍时，取极限荷载值的一半。

（3）当不能按上述二款要求确定时，当承压板面积为$0.25 \sim 0.5m^2$时，可取$s/b = 0.01 \sim 0.015$所对应的荷载，但其值不应大于最大加载量的一半。

3. 检测结果

按规范的规定，最大沉降量与承压板直径之比大于或等于0.06时认为已到破坏荷载，本试验采用的承压板直径为0.8m，则沉降量达48.00mm时方为破坏荷载。

依据试验数据可得：H2号楼承载力特征值可取220kPa；H3号楼承载力特征值可取345kPa；5号楼承载力特征值可取310kPa。

检测结果见表A.2。

表A.2 检 测 结 果 记 录

点号	最大加载值 /kPa	最大加载值对应的沉降量 /mm	承载力特征值 /kPa	承载力特征值对应的沉降量 /mm	备注
H2-1	330	16.87	165	7.31	
H2-2	420	20.17	210	9.09	
H2-3	504	42.98	252	11.03	
H2-4	510	33.61	255	21.72	
H3-1	720	11.69	360	6.91	
H3-2	660	17.40	330	8.50	
5号-1	600	39.60	300	16.57	
5号-2	660	8.31	330	4.45	
5号-3	600	10.03	300	5.32	

4. 变形模量

《岩土工程勘察规范》(GB 50021—2001)(2009年版)中规定，变形模量

$$E_0 = I_0 (1 - \mu^2) pd/s$$

式中 I_0——承压板形状系数，本试验为圆形承压板，$I_0 = 0.785$；

μ——土的泊松比，本试验碎石类土层取$\mu = 0.27$，粉土类土层取$\mu = 0.35$；

p——p-s曲线线性段的压力，kPa；

d——承压板直径，$d = 0.8m$；

s——与p对应的沉降量，mm。

各测点的计算结果及取值详见表A.3。

表 A.3　　　　　　　　　测点变形模量计算结果

测点编号	E_0/MPa	平均值/MPa	备注
H2-1	12.44	11.06	
H2-2	12.73		
H2-3	12.59		
H2-4	6.47		
H3-1	28.71	25.66	
H3-2	22.60		
5号-1	10.54	28.85	
5号-2	43.18		
5号-3	32.83		

A.6　图表

1. 测点 H2-1 浅层平板载荷试验汇总见表 A.4。
2. 测点 H2-1 浅层平板载荷试验原始记录见表 A.5。
3. 测点 H2-1 浅层平板载荷试验 p-s 曲线和 s-$\lg t$ 曲线见表 A.6。

表 A.4　　　　　　　　　浅层平板载荷试验汇总表

工程名称：吉林某度假小镇　　　　　　　　　试验点号：H2-1
测试日期：2018-08-11　　压板面积：0.5m²　　　置换率：1.000

序号	荷载/kPa	历时/min 本级	历时/min 累计	沉降/mm 本级	沉降/mm 累计
0	0	0	0	0	0
1	30	150	150	1.42	1.42
2	60	150	300	1.67	3.09
3	90	150	450	1.70	4.79
4	120	150	600	1.30	6.09
5	150	150	750	0.51	6.60
6	180	150	900	1.43	8.03
7	210	150	1050	1.30	9.33
8	240	150	1200	1.67	11.00
9	270	150	1350	1.79	12.79
10	300	150	1500	0.73	13.52
11	330	60	1560	3.35	16.87
12	270	15	1575	−0.07	16.80
13	210	15	1590	−1.05	15.75
14	150	30	1620	−2.67	13.08
15	90	15	1635	−0.19	12.89
16	30	15	1650	−0.16	12.73
17	0	45	1695	−2.47	10.26

最大沉降量：16.87mm　　最大回弹量：6.61mm　　回弹率：39.2%

表 A.5　　浅层平板载荷试验原始记录表

工程名称：吉林某度假小镇										试验点号：H2-1

测试时间：2018-08-11 16：48　　压板面积：0.5m²

原始档案编号：　　　　　　　　测试仪器编号：201205-2675B

试验方法：平板载荷试验　　　　最大预估载荷：150kN

千斤顶数量：1　　　千斤顶内径：100mm　　　千斤顶编号：04

试桩测试通道：s1 s2 s3 s4　　　锚桩测试通道：无

位移传感器编号：19391 19392 19393 19394

压力测试通道：P2　　　　　　　压力传感器编号：H09301

加载读数间隔/min：0 10 10 10 15 15 30 30 …

卸载读数间隔/min：0 15 15 15 15 15 …

理论荷载/kN	实测荷载/kN	实测油压/MPa	记录时间	实际间隔/min	实测读数/mm 表1	表2	表3	表4	平均沉降量/mm	备注
0	7	1.00	16：48	0	0	0	0	0	0	
15	7	1.00	16：48	0	0	0	0	0	0	
	18	2.30	16：58	10	1.46	1.25	0.89	1.65	1.31	
	17	2.17	17：08	10	1.50	1.29	0.95	1.68	1.36	
	16	2.09	17：18	10	1.50	1.29	0.95	1.68	1.36	
	16	2.09	17：33	15	1.53	1.29	0.97	1.70	1.37	
	16	2.07	17：48	15	1.54	1.31	0.99	1.70	1.39	
	15	1.94	18：18	30	1.54	1.31	0.99	1.70	1.39	
	14	1.90	18：48	30	1.55	1.31	1.01	1.71	1.40	
	14	1.88	19：18	30	1.58	1.31	1.04	1.74	1.42	
30	14	1.88	19：18	0	1.58	1.31	1.04	1.74	1.42	
	34	4.44	19：28	10	2.96	2.77	1.85	3.51	2.77	
	32	4.14	19：38	10	3.00	2.79	1.93	3.53	2.81	
	31	4.01	19：48	10	3.04	2.82	1.94	3.57	2.84	
	31	3.95	20：03	15	3.07	2.85	1.94	3.60	2.87	
	30	3.88	20：18	15	3.07	2.85	1.94	3.60	2.87	
	29	3.82	20：48	30	3.07	2.85	84.06	3.60	23.40	
	29	3.80	21：18	30	3.12	2.89	84.06	3.63	23.43	
	29	3.76	21：48	30	3.13	2.89	6.39	3.65	4.02	
45	29	3.76	21：48	0	3.13	2.89	6.39	3.65	4.02	
	50	6.47	21：58	10	3.90	3.83	3.80	4.82	4.09	
	48	6.17	22：18	20	4.01	3.95	8.70	4.92	5.40	
	48	6.13	22：28	10	4.03	3.97	8.70	4.93	5.41	
	47	6.06	22：43	15	4.03	3.98	8.70	4.94	5.41	

附录 A 吉林某度假小镇浅层平板载荷试验检测报告

续表

理论荷载/kN	实测荷载/kN	实测油压/MPa	记录时间	实际间隔/min	实测读数/mm 表1	表2	表3	表4	平均沉降量/mm	备注
45	47	6.00	22：58	15	4.05	3.99	8.70	4.95	5.42	
	42	5.46	23：28	30	4.05	4.01	4.80	4.97	4.46	
	42	5.44	23：58	30	4.06	4.02	4.80	4.99	4.47	
	42	5.38	00：28	30	4.07	4.04	4.98	5.01	4.53	
60	42	5.38	00：28	0	4.07	4.04	4.98	5.01	4.53	
	72	9.25	00：38	10	5.46	5.61	4.98	6.98	5.76	
	71	9.12	00：48	10	5.49	5.66	5.56	7.00	5.93	
	71	9.05	00：58	10	5.51	5.67	5.60	7.02	5.95	
	70	8.95	01：13	15	5.55	5.71	5.63	7.06	5.99	
	69	8.86	01：28	15	5.55	5.73	5.66	7.06	6.00	
	68	8.78	01：58	30	5.57	5.75	5.68	7.08	6.02	
	67	8.63	02：28	30	5.60	5.78	5.77	7.11	6.07	
	67	8.54	02：58	30	5.61	5.80	5.82	7.13	6.09	
75	67	8.54	02：58	0	5.61	5.80	5.82	7.13	6.09	
	77	9.87	03：08	10	5.85	6.06	5.96	7.44	6.33	
	76	9.78	03：18	10	5.87	6.08	5.98	7.47	6.35	
	76	9.74	03：28	10	5.89	6.10	5.99	7.48	6.37	
	75	9.65	03：43	15	5.89	6.10	6.01	7.49	6.37	
	79	10.19	03：58	15	6.03	6.25	6.07	7.65	6.50	
	78	10.01	04：28	30	6.06	6.30	6.16	7.69	6.55	
	77	9.89	04：58	30	6.10	6.34	6.20	7.72	6.59	
	77	9.89	05：28	30	6.11	6.36	6.20	7.74	6.60	
90	77	9.89	05：28	0	6.11	6.36	6.20	7.74	6.60	
	100	12.79	05：38	10	7.32	7.68	6.98	9.27	7.81	
	99	12.64	05：48	10	7.37	7.75	7.05	9.33	7.88	
	98	12.54	05：58	10	7.39	7.79	7.12	9.35	7.91	
	97	12.45	06：13	15	7.42	7.82	7.12	9.37	7.93	
	97	12.39	06：28	15	7.43	7.85	7.20	9.39	7.97	
	96	12.26	06：58	30	7.45	7.87	7.22	9.40	7.99	
	95	12.21	07：28	30	7.49	7.92	7.27	9.43	8.03	
	94	12.09	07：58	30	7.51	7.92	7.27	9.43	8.03	
105	94	12.09	07：58	0	7.51	7.92	7.27	9.43	8.03	
	116	14.89	08：08	10	8.48	9.09	7.83	10.75	9.04	
	115	14.69	08：18	10	8.54	9.17	7.90	10.81	9.11	
	114	14.59	08：28	10	8.57	9.22	7.93	10.85	9.14	

附录 A 吉林某度假小镇浅层平板载荷试验检测报告

续表

理论荷载/kN	实测荷载/kN	实测油压/MPa	记录时间	实际间隔/min	实测读数/mm 表1	表2	表3	表4	平均沉降量/mm	备注
105	113	14.48	08：43	15	8.61	9.26	8.01	10.88	9.19	
	113	14.39	08：58	15	8.64	9.29	8.05	10.90	9.22	
	112	14.29	09：28	30	8.68	9.33	8.10	10.94	9.26	
	111	14.24	09：58	30	8.70	9.37	8.14	10.96	9.29	
	111	14.24	10：28	30	8.73	9.40	8.20	10.98	9.33	
120	111	14.24	10：28	0	8.73	9.40	8.20	10.98	9.33	
	132	16.83	10：38	10	9.65	10.59	8.80	12.23	10.32	
	130	16.64	10：48	10	9.71	10.69	8.99	12.31	10.43	
	129	16.51	10：58	10	9.77	10.75	9.11	12.38	10.50	
	126	16.12	11：13	15	9.82	10.79	9.11	12.43	10.54	
	125	15.95	11：28	15	9.85	10.83	9.12	12.47	10.57	
	123	15.74	12：04	35	9.92	10.90	15.70	12.53	12.26	
	126	16.06	12：37	33	9.94	10.94	9.25	12.55	10.67	
	122	15.59	13：21	44	9.97	10.99	19.34	12.58	13.22	
135	122	15.59	13：21	0	9.97	10.99	19.34	12.58	13.22	
	148	18.88	13：31	10	10.93	12.34	9.81	13.95	11.76	
	146	18.67	13：41	10	11.04	12.46	9.91	14.08	11.87	
	145	18.52	13：51	10	11.10	12.53	9.98	14.15	11.94	
	144	18.35	14：06	15	11.16	12.59	10.05	14.22	12.01	
	142	18.11	14：21	15	11.20	12.64	10.11	14.26	12.05	
	141	18.03	14：51	30	11.26	12.72	10.37	14.33	12.17	
	137	17.53	15：21	30	11.31	12.75	13.00	14.37	12.86	
	134	17.11	15：54	32	11.34	12.79	21.30	14.41	14.96	
150	134	17.11	15：54	0	11.34	12.79	21.30	14.41	14.96	
	162	20.65	16：04	10	12.14	14.00	10.71	15.62	13.12	
	160	20.46	16：14	10	12.27	14.14	10.81	15.77	13.25	
	159	20.33	16：24	10	12.34	14.24	10.87	15.85	13.33	
	158	20.18	16：39	15	12.43	14.32	10.95	15.94	13.41	
	158	20.12	16：54	15	12.49	14.39	11.00	16.01	13.47	
	154	19.69	17：24	30	12.58	14.47	11.06	16.08	13.55	
	151	19.26	17：54	30	12.62	14.51	11.06	16.13	13.58	
	148	18.92	18：24	30	12.66	14.56	10.66	16.18	13.52	
165	177	22.55	18：24	0	12.66	14.56	16.66	16.18	15.02	
	173	22.13	18：34	10	12.95	14.98	16.79	16.61	15.33	
	181	23.07	07：07	752	13.95	16.37	17.80	17.82	16.49	
	178	22.68	07：17	10	14.25	16.79	22.91	18.25	18.05	
	176	22.43	07：32	15	14.36	16.97	19.00	18.41	17.19	
	176	22.43	07：41	8	14.38	16.97	17.70	18.42	16.87	

续表

理论荷载/kN	实测荷载/kN	实测油压/MPa	记录时间	实际间隔/min	实测读数/mm 表1	表2	表3	表4	平均沉降量/mm	备注
135	176	22.43	07：41	0	14.38	16.97	17.70	18.42	16.87	
	86	11.02	07：41	0	13.67	16.01	20.19	17.33	16.80	
105	88	11.25	07：42	0	13.67	16.01	17.00	17.33	16.00	
	88	11.28	07：42	0	13.67	16.01	15.98	17.33	15.75	
75	88	11.30	07：42	0	13.67	16.01	16.41	17.33	15.86	
	18	2.35	07：43	0	11.29	13.38	14.00	14.17	13.21	
	19	2.43	07：43	0	11.29	13.39	13.45	14.17	13.08	
45	19	2.47	07：44	0	11.29	13.40	13.54	14.17	13.10	
	19	2.52	07：44	0	11.29	13.40	12.69	14.17	12.89	
15	20	2.56	07：44	0	11.29	13.40	13.17	14.17	13.01	
	20	2.58	07：44	0	11.29	13.40	12.04	14.17	12.73	
0	20	2.60	07：44	0	11.29	13.40	13.25	14.17	13.03	
	0	0.08	07：44	0	9.69	11.74	9.95	12.23	10.90	
	0	0.08	07：45	0	9.69	11.53	11.48	12.23	11.23	
	0	0.08	07：45	0	9.37	11.53	8.24	11.88	10.26	

表 A.6　　浅层平板载荷试验 $p-s$ 曲线和 $s-\lg t$ 曲线

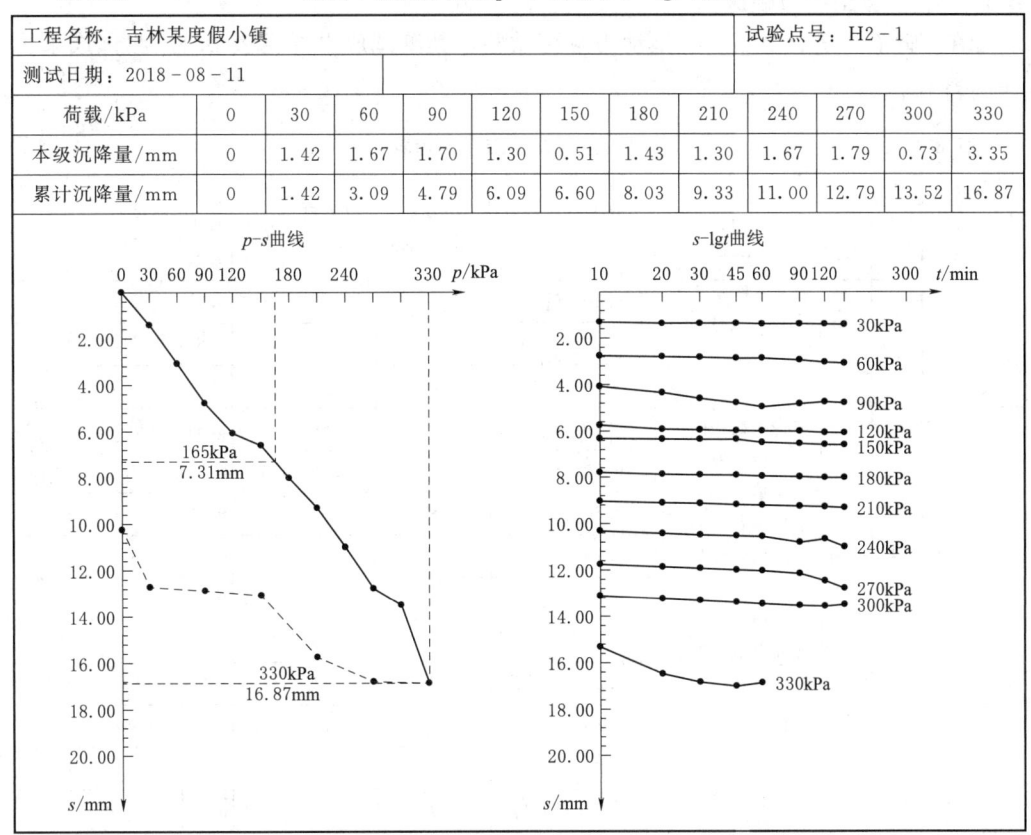

工程名称：吉林某度假小镇									试验点号：H2-1		
测试日期：2018-08-11											
荷载/kPa	0	30	60	90	120	150	180	210	240	270	300	330
本级沉降量/mm	0	1.42	1.67	1.70	1.30	0.51	1.43	1.30	1.67	1.79	0.73	3.35
累计沉降量/mm	0	1.42	3.09	4.79	6.09	6.60	8.03	9.33	11.00	12.79	13.52	16.87

附录 B 喜德县某幼儿园场地土工检测结果报告

喜德县某幼儿园占地面积约 859.56m², 总建筑物面积为 2578.68m², 长 34.80m, 宽 24.70m, 高 13.00~15.70m。设计层数为 3~4F, 框架结构, 预计基础埋深 2.4m, 采用独立基础, 设计承载力为 140kPa。

根据《岩土工程勘察规范》(GB 50021—2001)(2009 年版)的相关要求布置了勘探线及勘探点, 勘探点沿拟建建筑物边线及角点布设, 共布置勘探点 13 个。完成勘探线 11 条。勘探点间距为 5.00~24.71, 符合勘察规范要求。本次勘察的勘探点均为回转取芯钻孔。根据拟建建筑物的平面、竖向布置、结构类型及荷载情况, 并结合现场实际地质条件及类似工程实践经验, 地基范围内的勘探钻孔深度以能控制地基主要持力层为主, 控制性钻孔孔深为 16.00~21.50m, 一般性钻孔孔深为 14.80~15.30m, 其中控制性钻孔 7 个, 一般性钻孔 6 个, 控制性钻孔占总孔数的 1/2。

为评价场地内岩土的主要物理力学性质, 在本次勘察期间进行了 $N_{63.5}$ 重型动力触探试验、标准贯入试验及室内土工试验, 具体结果及分析如下。

B.1 $N_{63.5}$ 重型动力触探试验

在③碎石中进行 $N_{63.5}$ 重型动力触探试验, 其测试成果详见表 B.1。测试成果统计见表 B.2。

表 B.1　　　　　　　动力触探试验结果统计表

序号	勘探点编号	岩土编号	岩土名称	动探修正数场区地层统计	试验段深度/m	$N_{63.5}$/(击/10cm)	贯入度/(cm/击)	探杆长度/m	杆长修正系数	修正 $N_{63.5}$/(击/10cm)	备注
1	ZK1	③	碎石	统计个数: 57 最大值: 9.20 最小值: 5.00 平均值: 6.31 标准值: 6.11 标准差: 0.88 推荐值: 6.11 变异系数: 0.15 修正系数: 0.97	9.10~9.20	7	1.68	10.6	0.85	5.9	
2					9.20~9.30	8	1.49	10.7	0.84	6.7	
3					9.30~9.40	8	1.5	10.8	0.84	6.7	
4					9.40~9.50	7	1.69	10.9	0.84	5.9	
5					9.50~9.60	7	1.69	11	0.84	5.9	
6					9.60~9.70	8	1.51	11.1	0.83	6.6	
7					9.70~9.80	7	1.7	11.2	0.84	5.9	
8					9.80~9.90	7	1.71	11.3	0.84	5.9	
9					9.90~10.00	10	1.25	11.4	0.8	8	
10					10.00~10.10	7	1.71	11.5	0.83	5.8	
11					10.10~10.20	7	1.72	11.6	0.83	5.8	
12					10.20~10.30	7	1.72	11.7	0.83	5.8	
13					10.30~10.40	8	1.53	11.8	0.82	6.5	

附录 B 喜德县某幼儿园场地土工检测结果报告

续表

序号	勘探点编号	岩土编号	岩土名称	动探修正数场区地层统计	试验段深度/m	$N_{63.5}$/(击/10cm)	贯入度/(cm/击)	探杆长度/m	杆长修正系数	修正$N_{63.5}$/(击/10cm)	备注
14					10.40~10.50	7	1.73	11.9	0.83	5.8	
15					10.50~10.60	7	1.73	12	0.83	5.8	
16					10.60~10.70	9	1.39	12.1	0.8	7.2	
17					10.70~10.80	8	1.54	12.2	0.81	6.5	
18					10.80~10.90	7	1.74	12.3	0.82	5.8	
19					10.90~11.00	7	1.74	12.4	0.82	5.7	
20					11.00~11.10	11	1.17	12.5	0.77	8.5	
21					11.10~11.20	6	2.01	12.6	0.83	5	
22					11.20~11.30	6	2.01	12.7	0.83	5	
23					11.30~11.40	7	1.75	12.8	0.81	5.7	
24					11.40~11.50	8	1.56	12.9	0.8	6.4	
25					11.50~11.60	7	1.76	13	0.81	5.7	
26					11.60~11.70	7	1.76	13.1	0.81	5.7	
27					11.70~11.80	7	1.77	13.2	0.81	5.7	
28				统计个数：57	11.80~11.90	8	1.57	13.3	0.79	6.4	
29				最大值：9.20	11.90~12.00	7	1.77	13.4	0.81	5.6	
30				最小值：5.00	12.00~12.10	7	1.78	13.5	0.8	5.6	
31	ZK1	③	碎石	平均值：6.31	12.10~12.20	7	1.78	13.6	0.8	5.6	
32				标准值：6.11	12.20~12.30	8	1.59	13.7	0.79	6.3	
33				标准差：0.88	12.30~12.40	7	1.79	13.8	0.8	5.6	
34				推荐值：6.11	12.40~12.50	7	1.79	13.9	0.8	5.6	
35				变异系数：0.15	12.50~12.60	7	1.79	14	0.8	5.6	
36				修正系数：0.97	12.60~12.70	12	1.13	14.1	0.74	8.9	
37					12.70~12.80	8	1.6	14.2	0.78	6.2	
38					12.80~12.90	8	1.6	14.3	0.78	6.2	
39					12.90~13.00	9	1.45	14.4	0.77	6.9	
40					13.00~13.10	8	1.61	14.5	0.78	6.2	
41					13.10~13.20	8	1.61	14.6	0.77	6.2	
42					13.20~13.30	8	1.62	14.7	0.77	6.2	
43					13.30~13.40	9	1.46	14.8	0.76	6.8	
44					13.40~13.50	8	1.62	14.9	0.77	6.2	
45					13.50~13.60	9	1.47	15	0.76	6.8	
46					13.60~13.70	8	1.63	15.1	0.77	6.1	
47					13.70~13.80	13	1.09	15.2	0.71	9.2	

附录B 喜德县某幼儿园场地土工检测结果报告

续表

序号	勘探点编号	岩土编号	岩土名称	动探修正数场区地层统计	试验段深度/m	$N_{63.5}$/(击/10cm)	贯入度/(cm/击)	探杆长度/m	杆长修正系数	修正$N_{63.5}$/(击/10cm)	备注
48					13.80~13.90	8	1.64	15.3	0.76	6.1	
49				统计个数：57	13.90~14.00	9	1.48	15.4	0.75	6.8	
50				最大值：9.20	14.00~14.10	8	1.64	15.5	0.76	6.1	
51				最小值：5.00	14.10~14.20	8	1.64	15.6	0.76	6.1	
52	ZK1	③	碎石	平均值：6.31	14.20~14.30	8	1.65	15.7	0.76	6.1	
53				标准值：6.11	14.30~14.40	9	1.49	15.8	0.75	6.7	
54				标准差：0.88	14.40~14.50	8	1.65	15.9	0.76	6	
55				推荐值：6.11	14.50~14.60	8	1.66	16	0.75	6	
56				变异系数：0.15	14.60~14.70	9	1.5	16.1	0.74	6.7	
57				修正系数：0.97	14.70~14.80	13	1.11	16.2	0.69	9	
1					8.10~8.20	6	1.91	9.6	0.87	5.2	
2					8.20~8.30	7	1.65	9.7	0.86	6	
3					8.30~8.40	6	1.91	9.8	0.87	5.2	
4					8.40~8.50	10	1.2	9.9	0.83	8.3	
5					8.50~8.60	6	1.92	10	0.87	5.2	
6					8.60~8.70	6	1.92	10.1	0.87	5.2	
7					8.70~8.80	7	1.67	10.2	0.86	6	
8					8.80~8.90	6	1.93	10.3	0.87	5.2	
9					8.90~9.00	7	1.67	10.4	0.85	6	
10				统计个数：69	9.00~9.10	7	1.68	10.5	0.85	6	
11				最大值：9.40	9.10~9.20	7	1.68	10.6	0.85	5.9	
12				最小值：5.00	9.20~9.30	8	1.49	10.7	0.84	6.7	
13	ZK5	③	碎石	平均值：6.25	9.30~9.40	8	1.5	10.8	0.84	6.7	
14				标准值：6.06	9.40~9.50	7	1.69	10.9	0.84	5.9	
15				标准差：0.91	9.50~9.60	7	1.69	11	0.84	5.9	
16				推荐值：6.06	9.60~9.70	8	1.51	11.1	0.83	6.6	
17				变异系数：0.15	9.70~9.80	7	1.7	11.2	0.84	5.9	
18				修正系数：0.97	9.80~9.90	7	1.71	11.3	0.84	5.9	
19					9.90~10.00	10	1.25	11.4	0.8	8	
20					10.00~10.10	7	1.71	11.5	0.83	5.8	
21					10.10~10.20	7	1.72	11.6	0.83	5.8	
22					10.20~10.30	7	1.72	11.7	0.83	5.8	
23					10.30~10.40	8	1.53	11.8	0.82	6.5	
24					10.40~10.50	7	1.73	11.9	0.83	5.8	

附录B 喜德县某幼儿园场地土工检测结果报告

续表

序号	勘探点编号	岩土编号	岩土名称	动探修正数场区地层统计	试验段深度/m	$N_{63.5}$/(击/10cm)	贯入度/(cm/击)	探杆长度/m	杆长修正系数	修正$N_{63.5}$/(击/10cm)	备注
25					10.50~10.60	7	1.73	12	0.83	5.8	
26					10.60~10.70	9	1.39	12.1	0.8	7.2	
27					10.70~10.80	8	1.54	12.2	0.81	6.5	
28					10.80~10.90	7	1.74	12.3	0.82	5.8	
29					10.90~11.00	7	1.74	12.4	0.82	5.7	
30					11.00~11.10	11	1.17	12.5	0.77	8.5	
31					11.10~11.20	6	2.01	12.6	0.83	5	
32					11.20~11.30	6	2.01	12.7	0.83	5	
33					11.30~11.40	7	1.75	12.8	0.81	5.7	
34					11.40~11.50	8	1.56	12.9	0.8	6.4	
35					11.50~11.60	7	1.76	13	0.81	5.7	
36					11.60~11.70	7	1.76	13.1	0.81	5.7	
37					11.70~11.80	7	1.77	13.2	0.81	5.7	
38					11.80~11.90	8	1.57	13.3	0.79	6.4	
39				统计个数：69	11.90~12.00	7	1.77	13.4	0.81	5.6	
40				最大值：9.40	12.00~12.10	7	1.78	13.5	0.8	5.6	
41				最小值：5.00 平均值：6.25	12.10~12.20	7	1.78	13.6	0.8	5.6	
42	ZK5	③	碎石	标准值：6.06	12.20~12.30	8	1.59	13.7	0.79	6.3	
43				标准差：0.91	12.30~12.40	7	1.79	13.8	0.8	5.6	
44				推荐值：6.06 变异系数：0.15	12.40~12.50	7	1.79	13.9	0.8	5.6	
45				修正系数：0.97	12.50~12.60	7	1.79	14	0.8	5.6	
46					12.60~12.70	12	1.13	14.1	0.74	8.9	
47					12.70~12.80	8	1.6	14.2	0.78	6.2	
48					12.80~12.90	8	1.6	14.3	0.78	6.2	
49					12.90~13.00	9	1.45	14.4	0.77	6.9	
50					13.00~13.10	8	1.61	14.5	0.78	6.2	
51					13.10~13.20	8	1.61	14.6	0.77	6.2	
52					13.20~13.30	8	1.62	14.7	0.77	6.2	
53					13.30~13.40	9	1.46	14.8	0.76	6.8	
54					13.40~13.50	8	1.62	14.9	0.77	6.2	
55					13.50~13.60	9	1.47	15	0.76	6.8	
56					13.60~13.70	8	1.63	15.1	0.77	6.1	
57					13.70~13.80	13	1.09	15.2	0.71	9.2	
58					13.80~13.90	8	1.64	15.3	0.76	6.1	

附录B 喜德县某幼儿园场地土工检测结果报告

续表

序号	勘探点编号	岩土编号	岩土名称	动探修正数场区地层统计	试验段深度/m	$N_{63.5}$/(击/10cm)	贯入度/(cm/击)	探杆长度/m	杆长修正系数	修正$N_{63.5}$/(击/10cm)	备注
59	ZK5	③	碎石	统计个数：69 最大值：9.40 最小值：5.00 平均值：6.25 标准值：6.06 标准差：0.91 推荐值：6.06 变异系数：0.15 修正系数：0.97	13.90～14.00	9	1.48	15.4	0.75	6.8	
60					14.00～14.10	8	1.64	15.5	0.76	6.1	
61					14.10～14.20	8	1.64	15.6	0.76	6.1	
62					14.20～14.30	8	1.65	15.7	0.76	6.1	
63					14.30～14.40	9	1.49	15.8	0.75	6.7	
64					14.40～14.50	8	1.65	15.9	0.76	6	
65					14.50～14.60	9	1.5	16	0.74	6.7	
66					14.60～14.70	8	1.66	16.1	0.75	6	
67					14.70～14.80	8	1.66	16.2	0.75	6	
68					14.80～14.90	9	1.51	16.3	0.74	6.6	
69					14.90～15.00	14	1.06	16.4	0.67	9.4	
1	ZK7	③	碎石	统计个数：50 最大值：9.40 最小值：5.00 平均值：6.31 标准值：6.08 标准差：0.93 推荐值：6.08 变异系数：0.15 修正系数：0.96	10.10～10.20	7	1.72	11.6	0.83	5.8	
2					10.20～10.30	7	1.72	11.7	0.83	5.8	
3					10.30～10.40	8	1.53	11.8	0.82	6.5	
4					10.40～10.50	7	1.73	11.9	0.83	5.8	
5					10.50～10.60	7	1.73	12	0.83	5.8	
6					10.60～10.70	9	1.39	12.1	0.8	7.2	
7					10.70～10.80	8	1.54	12.2	0.81	6.5	
8					10.80～10.90	7	1.74	12.3	0.82	5.8	
9					10.90～11.00	7	1.74	12.4	0.82	5.7	
10					11.00～11.10	11	1.17	12.5	0.77	8.5	
11					11.10～11.20	6	2.01	12.6	0.83	5	
12					11.20～11.30	6	2.01	12.7	0.83	5	
13					11.30～11.40	7	1.75	12.8	0.81	5.7	
14					11.40～11.50	8	1.56	12.9	0.8	6.4	
15					11.50～11.60	7	1.76	13	0.81	5.7	
16					11.60～11.70	7	1.76	13.1	0.81	5.7	
17					11.70～11.80	7	1.77	13.2	0.81	5.7	
18					11.80～11.90	8	1.57	13.3	0.79	6.4	
19					11.90～12.00	7	1.77	13.4	0.81	5.6	
20					12.00～12.10	7	1.78	13.5	0.8	5.6	
21					12.10～12.20	7	1.78	13.6	0.8	5.6	
22					12.20～12.30	8	1.59	13.7	0.79	6.3	
23					12.30～12.40	7	1.79	13.8	0.8	5.6	

附录B 喜德县某幼儿园场地土工检测结果报告

续表

序号	勘探点编号	岩土编号	岩土名称	动探修正数场区地层统计	试验段深度/m	$N_{63.5}$/(击/10cm)	贯入度/(cm/击)	探杆长度/m	杆长修正系数	修正$N_{63.5}$/(击/10cm)	备注
24					12.40~12.50	7	1.79	13.9	0.8	5.6	
25					12.50~12.60	7	1.79	14	0.8	5.6	
26					12.60~12.70	12	1.13	14.1	0.74	8.9	
27					12.70~12.80	8	1.6	14.2	0.78	6.2	
28					12.80~12.90	8	1.6	14.3	0.78	6.2	
29					12.90~13.00	9	1.45	14.4	0.77	6.9	
30					13.00~13.10	8	1.61	14.5	0.78	6.2	
31					13.10~13.20	8	1.61	14.6	0.77	6.2	
32					13.20~13.30	8	1.62	14.7	0.77	6.2	
33					13.30~13.40	9	1.46	14.8	0.76	6.8	
34				统计个数：50	13.40~13.50	8	1.62	14.9	0.77	6.2	
35				最大值：9.40	13.50~13.60	9	1.47	15	0.76	6.8	
36				最小值：5.00	13.60~13.70	8	1.63	15.1	0.77	6.1	
37	ZK7	③	碎石	平均值：6.31 标准值：6.08	13.70~13.80	13	1.09	15.2	0.71	9.2	
38				标准差：0.93	13.80~13.90	8	1.64	15.3	0.76	6.1	
39				推荐值：6.08	13.90~14.00	9	1.48	15.4	0.75	6.8	
40				变异系数：0.15 修正系数：0.96	14.00~14.10	8	1.64	15.5	0.76	6.1	
41					14.10~14.20	8	1.64	15.6	0.76	6.1	
42					14.20~14.30	8	1.65	15.7	0.76	6.1	
43					14.30~14.40	9	1.49	15.8	0.75	6.7	
44					14.40~14.50	8	1.65	15.9	0.76	6	
45					14.50~14.60	9	1.5	16	0.74	6.7	
46					14.60~14.70	8	1.66	16.1	0.75	6	
47					14.70~14.80	8	1.66	16.2	0.75	6	
48					14.80~14.90	9	1.51	16.3	0.74	6.6	
49					14.90~15.00	8	1.67	16.4	0.75	6	
50					15.00~15.10	14	1.06	16.5	0.67	9.4	
1				统计个数：69	8.60~8.70	6	1.92	10.1	0.87	5.2	
2				最大值：10.00	8.70~8.80	7	1.67	10.2	0.86	6	
3				最小值：5.00 平均值：6.33	8.80~8.90	6	1.93	10.3	0.87	5.2	
4	ZK9	③	碎石	标准值：6.13	8.90~9.00	7	1.67	10.4	0.85	6	
5				标准差：0.98 推荐值：6.13	9.00~9.10	7	1.68	10.5	0.85	6	
6				变异系数：0.16	9.10~9.20	7	1.68	10.6	0.85	5.9	
7				修正系数：0.97	9.20~9.30	8	1.49	10.7	0.84	6.7	

续表

序号	勘探点编号	岩土编号	岩土名称	动探修正数场区地层统计	试验段深度/m	$N_{63.5}$/(击/10cm)	贯入度/(cm/击)	探杆长度/m	杆长修正系数	修正$N_{63.5}$/(击/10cm)	备注
8					9.30~9.40	8	1.5	10.8	0.84	6.7	
9					9.40~9.50	7	1.69	10.9	0.84	5.9	
10					9.50~9.60	7	1.69	11	0.84	5.9	
11					9.60~9.70	8	1.51	11.1	0.83	6.6	
12					9.70~9.80	7	1.7	11.2	0.84	5.9	
13					9.80~9.90	7	1.71	11.3	0.84	5.9	
14					9.90~10.00	10	1.25	11.4	0.8	8	
15					10.00~10.10	7	1.71	11.5	0.83	5.8	
16					10.10~10.20	7	1.72	11.6	0.83	5.8	
17					10.20~10.30	7	1.72	11.7	0.83	5.8	
18					10.30~10.40	8	1.53	11.8	0.82	6.5	
19					10.40~10.50	7	1.73	11.9	0.83	5.8	
20					10.50~10.60	7	1.73	12	0.83	5.8	
21					10.60~10.70	9	1.39	12.1	0.8	7.2	
22				统计个数：69	10.70~10.80	8	1.54	12.2	0.81	6.5	
23				最大值：10.00	10.80~10.90	7	1.74	12.3	0.82	5.8	
24				最小值：5.00	10.90~11.00	7	1.74	12.4	0.82	5.7	
25	ZK9	③	碎石	平均值：6.33 标准值：6.13	11.00~11.10	11	1.17	12.5	0.77	8.5	
26				标准差：0.98	11.10~11.20	6	2.01	12.6	0.83	5	
27				推荐值：6.13 变异系数：0.16	11.20~11.30	6	2.01	12.7	0.83	5	
28				修正系数：0.97	11.30~11.40	7	1.75	12.8	0.81	5.7	
29					11.40~11.50	8	1.56	12.9	0.8	6.4	
30					11.50~11.60	7	1.76	13	0.81	5.7	
31					11.60~11.70	7	1.76	13.1	0.81	5.7	
32					11.70~11.80	7	1.77	13.2	0.81	5.7	
33					11.80~11.90	8	1.57	13.3	0.79	6.4	
34					11.90~12.00	7	1.77	13.4	0.81	5.6	
35					12.00~12.10	7	1.78	13.5	0.8	5.6	
36					12.10~12.20	7	1.78	13.6	0.8	5.6	
37					12.20~12.30	8	1.59	13.7	0.79	6.3	
38					12.30~12.40	7	1.79	13.8	0.8	5.6	
39					12.40~12.50	7	1.79	13.9	0.8	5.6	
40					12.50~12.60	7	1.79	14	0.8	5.6	
41					12.60~12.70	12	1.13	14.1	0.74	8.9	

附录B 喜德县某幼儿园场地土工检测结果报告

续表

序号	勘探点编号	岩土编号	岩土名称	动探修正数场区地层统计	试验段深度/m	$N_{63.5}$/(击/10cm)	贯入度/(cm/击)	探杆长度/m	杆长修正系数	修正$N_{63.5}$/(击/10cm)	备注
42	ZK9	③	碎石		12.70~12.80	8	1.6	14.2	0.78	6.2	
43					12.80~12.90	8	1.6	14.3	0.78	6.2	
44					12.90~13.00	9	1.45	14.4	0.77	6.9	
45					13.00~13.10	8	1.61	14.5	0.78	6.2	
46					13.10~13.20	8	1.61	14.6	0.77	6.2	
47					13.20~13.30	8	1.62	14.7	0.77	6.2	
48					13.30~13.40	9	1.46	14.8	0.76	6.8	
49					13.40~13.50	8	1.62	14.9	0.77	6.2	
50					13.50~13.60	9	1.47	15	0.76	6.8	
51					13.60~13.70	8	1.63	15.1	0.77	6.1	
52				统计个数:69	13.70~13.80	13	1.09	15.2	0.71	9.2	
53				最大值:10.00	13.80~13.90	8	1.64	15.3	0.76	6.1	
54				最小值:5.00	13.90~14.00	9	1.48	15.4	0.75	6.8	
55				平均值:6.33	14.00~14.10	8	1.64	15.5	0.76	6.1	
56				标准值:6.13	14.10~14.20	8	1.64	15.6	0.76	6.1	
57				标准差:0.98	14.20~14.30	8	1.65	15.7	0.76	6.1	
58				推荐值:6.13	14.30~14.40	9	1.49	15.8	0.75	6.7	
59				变异系数:0.16	14.40~14.50	8	1.65	15.9	0.76	6	
60				修正系数:0.97	14.50~14.60	9	1.5	16	0.74	6.7	
61					14.60~14.70	15	1	16.1	0.67	10	
62					14.70~14.80	8	1.66	16.2	0.75	6	
63					14.80~14.90	9	1.51	16.3	0.74	6.6	
64					14.90~15.00	8	1.67	16.4	0.75	6	
65					15.00~15.10	8	1.67	16.5	0.75	6	
66					15.10~15.20	8	1.68	16.6	0.75	6	
67					15.20~15.30	9	1.52	16.7	0.73	6.6	
68					15.30~15.40	9	1.52	16.8	0.73	6.6	
69					15.40~15.50	15	1.02	16.9	0.65	9.8	
1	ZK10	③	碎石	统计个数:62	9.10~9.20	7	1.68	10.6	0.85	5.9	
2				最大值:9.80	9.20~9.30	8	1.49	10.7	0.84	6.7	
3				最小值:5.00	9.30~9.40	8	1.5	10.8	0.84	6.7	
4				平均值:6.36	9.40~9.50	7	1.69	10.9	0.84	5.9	
5				标准值:6.15	9.50~9.60	7	1.69	11	0.84	5.9	
6				标准差:0.98	9.60~9.70	8	1.51	11.1	0.83	6.6	
7				推荐值:6.15 变异系数:0.15 修正系数:0.97	9.70~9.80	7	1.7	11.2	0.84	5.9	

附录B 喜德县某幼儿园场地土工检测结果报告

续表

序号	勘探点编号	岩土编号	岩土名称	动探修正数场区地层统计	试验段深度/m	$N_{63.5}$/(击/10cm)	贯入度/(cm/击)	探杆长度/m	杆长修正系数	修正$N_{63.5}$/(击/10cm)	备注
8					9.80～9.90	7	1.71	11.3	0.84	5.9	
9					9.90～10.00	10	1.25	11.4	0.8	8	
10					10.00～10.10	7	1.71	11.5	0.83	5.8	
11					10.10～10.20	7	1.72	11.6	0.83	5.8	
12					10.20～10.30	7	1.72	11.7	0.83	5.8	
13					10.30～10.40	8	1.53	11.8	0.82	6.5	
14					10.40～10.50	7	1.73	11.9	0.83	5.8	
15					10.50～10.60	7	1.73	12	0.83	5.8	
16					10.60～10.70	9	1.39	12.1	0.8	7.2	
17					10.70～10.80	8	1.54	12.2	0.81	6.5	
18					10.80～10.90	7	1.74	12.3	0.82	5.8	
19					10.90～11.00	7	1.74	12.4	0.82	5.7	
20				统计个数：62	11.00～11.10	11	1.17	12.5	0.77	8.5	
21				最大值：9.80	11.10～11.20	6	2.01	12.6	0.83	5	
22				最小值：5.00	11.20～11.30	6	2.01	12.7	0.83	5	
23	ZK10	③	碎石	平均值：6.36 标准值：6.15	11.30～11.40	7	1.75	12.8	0.81	5.7	
24				标准差：0.98	11.40～11.50	8	1.56	12.9	0.8	6.4	
25				推荐值：6.15	11.50～11.60	7	1.76	13	0.81	5.7	
26				变异系数：0.15 修正系数：0.97	11.60～11.70	7	1.76	13.1	0.81	5.7	
27					11.70～11.80	7	1.77	13.2	0.81	5.7	
28					11.80～11.90	8	1.57	13.3	0.79	6.4	
29					11.90～12.00	7	1.77	13.4	0.81	5.6	
30					12.00～12.10	7	1.78	13.5	0.8	5.6	
31					12.10～12.20	7	1.78	13.6	0.8	5.6	
32					12.20～12.30	8	1.59	13.7	0.79	6.3	
33					12.30～12.40	7	1.79	13.8	0.8	5.6	
34					12.40～12.50	7	1.79	13.9	0.8	5.6	
35					12.50～12.60	7	1.79	14	0.8	5.6	
36					12.60～12.70	12	1.13	14.1	0.74	8.9	
37					12.70～12.80	8	1.6	14.2	0.78	6.2	
38					12.80～12.90	8	1.6	14.3	0.78	6.2	

续表

序号	勘探点编号	岩土编号	岩土名称	动探修正数场区地层统计	试验段深度/m	$N_{63.5}$/(击/10cm)	贯入度/(cm/击)	探杆长度/m	杆长修正系数	修正$N_{63.5}$/(击/10cm)	备注
39					12.90~13.00	9	1.45	14.4	0.77	6.9	
40					13.00~13.10	8	1.61	14.5	0.78	6.2	
41					13.10~13.20	8	1.61	14.6	0.77	6.2	
42					13.20~13.30	8	1.62	14.7	0.77	6.2	
43					13.30~13.40	9	1.46	14.8	0.76	6.8	
44					13.40~13.50	8	1.62	14.9	0.77	6.2	
45					13.50~13.60	9	1.47	15	0.76	6.8	
46					13.60~13.70	8	1.63	15.1	0.77	6.1	
47					13.70~13.80	13	1.09	15.2	0.71	9.2	
48				统计个数：62	13.80~13.90	8	1.64	15.3	0.76	6.1	
49				最大值：9.80	13.90~14.00	9	1.48	15.4	0.75	6.8	
50	ZK10	③	碎石	最小值：5.00 平均值：6.36 标准值：6.15	14.00~14.10	8	1.64	15.5	0.76	6.1	
51				标准差：0.98	14.10~14.20	8	1.64	15.6	0.76	6.1	
52				推荐值：6.15	14.20~14.30	8	1.65	15.7	0.76	6.1	
53				变异系数：0.15 修正系数：0.97	14.30~14.40	9	1.49	15.8	0.75	6.7	
54					14.40~14.50	8	1.65	15.9	0.76	6	
55					14.50~14.60	9	1.5	16	0.74	6.7	
56					14.60~14.70	8	1.66	16.1	0.75	6	
57					14.70~14.80	14	1.05	16.2	0.68	9.5	
58					14.80~14.90	8	1.67	16.3	0.75	6	
59					14.90~15.00	8	1.67	16.4	0.75	6	
60					15.00~15.10	8	1.67	16.5	0.75	6	
61					15.10~15.20	9	1.51	16.6	0.73	6.6	
62					15.20~15.30	15	1.02	16.7	0.66	9.8	

表 B.2　　　　$N_{63.5}$重型动力触探试验成果统计表

土 类	孔 数	范围值/击	变异系数δ	平均值/击
③碎石	5	6.25~6.36	0.150	6.311

B.2 标准贯入试验

在②含碎石粉质黏土中进行标准贯入试验，其测试成果详见表 B.3。其测试成果统计见表 B.4。

117

表 B.3 标准贯入试验结果统计表

序号	勘探点编号	岩土编号	岩土名称	标贯修正击数场区地层统计	试验段深度/m	标贯击数/(击/30cm)	探杆长度/m	校正系数	标贯修正击数/(击/30cm)	备注
1	ZK2	②	含碎石粉质黏土	统计个数：11 最大值：8.20 最小值：6.70 平均值：7.66 标准值：7.42 标准差：0.55 推荐值：7.42 变异系数：0.06 修正系数：0.97	3.60~3.90	8	5.1	0.944	7.6	
2	ZK2				6.00~6.30	9	7.5	0.89	8	
3	ZK4				2.60~2.90	8	4.1	0.971	7.8	
4	ZK4				4.90~5.20	9	6.4	0.912	8.2	
5	ZK6				3.10~3.40	8	4.6	0.957	7.7	
6	ZK6				5.40~5.70	9	6.9	0.902	8.1	
7	ZK8				5.10~5.40	8	6.6	0.908	7.3	
8	ZK11				3.00~3.30	8	4.5	0.96	7.7	
9	ZK11				5.80~6.10	9	7.3	0.894	8	
10	ZK12				3.10~3.40	7	4.6	0.957	6.7	
11	ZK12				5.40~5.70	8	6.9	0.902	7.2	

表 B.4 标准贯入试验成果统计表

土 类	个数	范围值/击	平均值/击	标准差	变异系数	标准值/击
②含碎石粉质黏土	11	6.70~8.20	7.66	0.45	0.06	7.42

B.3 土工试验成果分析

室内土工试验统计结果见表 B.5～表 B.7。

表 B.5 ②含碎石粉质黏土室内土工试验成果统计表

统计指标	G_s	质量密度ρ /(g/cm³)	天然含水率ω /%	孔隙比e_0 /%	液性指数I_L	压缩模量E_s /MPa	内摩擦角φ /(°)	黏聚力c /kPa
最大值	2.73	1.97	26.80	0.80	0.59	5.56	17.80	34.00
最小值	2.72	1.92	24.00	0.71	0.40	4.62	15.40	25.00
平均值μ	2.72	1.95	25.42	0.75	0.50	5.12	16.75	29.67
标准差σ	0.01	0.02	1.03	0.03	0.07	0.37	0.98	3.33
变异系数δ	0	0.01	0.04	0.04	0.14	0.07	0.06	0.11
修正系数γ_s	1.00	1.01	1.03	1.04	1.11	1.06	0.95	0.91
标准值							15.94	26.92

表 B.6 ②含碎石粉质黏土颗粒分析试验

土 名	颗粒组成百分比/%							
	圆砾或碎石		砂粒				细粒	
			粗	中		细	粉粒	
	颗粒直径/mm							
	10~20	5~10	2~5	1~2	0.5~1	0.25~0.5	0.075~0.25	0.005~0.075
②含碎石粉质黏土	4.8~9.7	8.2~10.2	2.9~15.5	1.20	1.00	1.80	1.80~4.20	64.80~70.60

表 B.7　　　　　　　　　　　　③碎石颗粒分析试验

土名	颗粒组成百分比/%											
^	碎石或碎石				圆砾或碎石			砂粒			细粒	
^	^^^^	^^^	粗	中	细	粉粒
^	颗粒直径/mm											
^	100~200	80~100	60~80	40~60	20~40	10~20	5~10	2~5	1~2	0.5~1	0.25~0.5	0.075~0.25	0.005~0.075
③碎石	9.8~14.2	7.8~13.6	6.5~13.1	7.6~14.1	5.9~13.6	8.2~12.1	8.2~12.1	7.3~9.4	3.6~5.1	2.9~5.2	2.7~4.6	3.1~5.4	1.8~3.8

B.4　地基土承载力

根据现场钻探取芯鉴定情况，并结合原位测试试验及室内土工试验成果，拟建场地内地基基础及基坑支护设计相关的主要岩土参数建议值详见表 B.8。

表 B.8　　　　　　　　　地基土的综合物理力学指标建议值表

岩土名称	质量密度 ρ /(g/cm³)	变形模量 E_0 /MPa	压缩模量 E_s /MPa	内聚力 c /kPa	内摩擦角 φ /(°)	塑性指数 I_P	液性指数 I_L	承载力特征值 f_{ak} /kPa	基床系数 K /MPa	土体与锚固体间黏结强度值 s /kPa	基底对混凝土的摩擦系数 μ
①耕土	1.85		3*	13*	11*						
②含碎石粉质黏土	1.96		5.43	26.92	15.94	13.95	0.56	140	30	45	0.25
③碎石	2.10	25*			35*			220	40	130	0.45

* 数值为地区经验数值。

参 考 文 献

[1] 刘东. 土力学试验指导 [M]. 北京：中国水利水电出版社，2017.
[2] 陈榕. 土力学试验教程 [M]. 北京：中国电力出版社，2016.
[3] 王保田. 土工测试技术 [M]. 2版. 南京：河海大学出版社，2010.
[4] 卢廷浩. 土力学 [M]. 2版. 南京：河海大学出版社，2011.
[5] 汪恩良. 冻土试验指导 [M]. 北京：中国水利水电出版社，2017.
[6] 刘东. 土力学与地基基础 [M]. 北京：中国水利水电出版社，2023.
[7] 陈晓平. 土力学与基础工程 [M]. 北京：中国水利水电出版社，2016.
[8] 孙维东. 土力学与地基基础 [M]. 北京：机械工业出版社，2011.
[9] 何永强，宋娟，郑楠. 土力学 [M]. 天津：天津科学技术出版社，2020.